天下文化

BELIEVE IN READING

目的與獲利

ESG大師塞拉分的企業永續發展策略

PURPOSE + PROFIT

How Business Can Lift Up the World

喬治．塞拉分
George Serafeim —— 著

廖月娟 —— 譯

目錄

第二部　執行：如何落實目的驅動的計畫

致台灣讀者序

很多人問我，為什麼選擇在這個時間點出書。答案是：《目的與獲利》這本書的內容再及時不過，是此時此刻最重要的一本書。為什麼呢？因為我們正處於歷史的關鍵時刻，身為企業領導人、員工、消費者或投資人，我們的力量都在增強。企業轉型是一股強大的力量，在帶來獲利的同時，也愈來愈強調企業目的，以及為社會創造價值。同時，一個組織對環境和社會的影響，對全球組織的競爭力已經變得極其重要，這會使一些組織能凸顯自己的不同，並與利害關係人建立更深遠的關係。台灣的組織如果要努力成為所處產業的全球領導廠商，在管理和治理上的當務之急，就是針對重要的環境、社會與治理（Environmental, Social and Governance, ESG）議題，開發得以衡量、分析、驅動與溝通績效的工具和框架。

什麼是使組織願意全力以赴的關鍵驅動力？《目的與獲利》描述幾個關鍵驅動力，但其中有一些驅動力與前所未有的透明度水準有關。組織必須在這樣的透明度下營運，新一代的員工和顧客在選擇工作場所或產品時，會把企業目的視為一種差異化與珍視的東西，投資人對於企業目的、ＥＳＧ數據及更好的管理做法也會更加關注，使企業領導人得以創新，並打破目的與獲利之間的傳統取捨。

每一個對商業感興趣的人和企業領導人都要了解目的與獲利契合時的力量。然而，重要的是，我們不只要深入了解為什麼會如此，還要知道我們每一個人如何做出改變，不管你是創立新公司、想要針對我們面對的環境和社會問題提供解決方案的企業家、在團隊裡職業生涯剛起步的新人、想要實行新策略的中階主管，或者是領導組織的資深主管。

最重要的是要如何去做，因為正如本書所述，高舉目的大旗來領導絕非易事。以企業目的作為企業核心來競爭之所以會失敗，有很多是因為在執行時不夠謹慎、周詳。立意良善並非一種策略或計畫。在執行以目的驅動的策略時，常見的陷阱包括：

沒把焦點放在最重要的事情上；不清楚員工在執行策略時如何參與；讓相關的報告驅動策略（而非反過來）；沒有制定必要的措施，讓整個組織實行問責制。把焦點放在執行策略的實際步驟才是關鍵，這就是我為何不只在書中描述比較成功的案例，也舉出一些差強人意的例子，兩者都可以讓我們從中獲得借鏡。

全球領導人愈來愈明白，大力推動組織需要的文化和治理轉型已經是刻不容緩的事，因此他們的組織正在改變目的驅動策略的方式。與十年前相比，現在最大的不同是，過去組織會以遵從法規為原則來實行目的驅動的計畫，但現在的重點是創新。以前注重的是避免會使組織面臨法律或聲譽風險而受到損害的情事，現在則比較重視如何在產品、流程和商業模式方面進行創新，製造更環保的商品，或是提供消費者能負擔、更健康、更安全、品質更好的產品，想出新方法為社會創造價值。

雖然很多人認為，組織對企業目的的討論僅限於高階主管，但我發現最成功的組織會設法使眾多的員工參與，集思廣益，聽取所有改進的想法，以提高組織生產力與創新，進而在這個過程中為社會帶來正面影響。因此，有三種人可以好好運用本書的資料。第一種是處於職業生涯早期的年輕專業人士，這些人熱切希望別人能聽見自己的聲音，在進入一個新組織或創立自己的公司時，想要知道如何能有所作為；第二種是中階或高階主管。這些主管想要了解如何設計一個以企業目的為組織核心的策略，以及如何實施這樣的策略；第三種是職業生涯已經有二十年的資深專業人士，想改變既有組織的發展方向或自己的職業重心，對改變充滿熱情。本書以這三種人為主角，描述他們如何克服障礙，獲致成功。

前言

目的與獲利結合的力量

一開始我必須坦白說，剛踏上職業生涯的時候，我並不會拿起這本書。這並不是說我不關心企業會不會幫助這個世界，也不是說我不在意企業的目的與獲利是否能夠並存，我只是認為這些問題與我的人生無關。我的第一份工作是分析保險公司，並給予評價。除了考量這些公司是否能為股東謀取獲利、讓員工的生活過得更好，或是用銷售的商品來服務顧客之外，它們是否也為這個地球盡一份心力，並非我的首要考量。

後來，我進入商學院，希望擴展工作的領域。我熱愛心智挑戰，喜歡深入評估技術，並透徹理解複雜的金融商品。我在金融危機期間取得哈佛商學院博士學位。我對一些深層技術問題的研究獲得愈來愈多人關注，也在負有盛名的學術期刊發表研究論文。我很幸運，一畢業就收到好幾所頂尖大學的聘用通知。

但我總覺得少了些什麼。

有一天，我跟好朋友尤安尼斯．伊奧安努（Ioannis Ioannou）聊天，他是倫敦商學院策略學教授。我在哈佛念博士的時候，有段時間他也在，我們很早就有合作的念頭，但一直沒時間確定我們的研究興趣有哪裡重疊。他問我是否知道有哪些公司正在努力為社會帶來正面影響。我們也開始討論一些問題，像是企業如何對員工更好、減少汙染、誠信行事等等。我想知道，為什麼很少人認為這些問題和股東的獲利一樣重要，而且是否真有任何數據支持一般人的看法，也就是如果企業把社會利益放在心上來行事，就無法專注在企業的核心目標，因此，懷抱社會利益無可避免會變成績效表現的阻力。

我們在思考這些問題時，發現沒有好答案。這些討論使我重新思索我一直在做的研究，想知道這麼做是否能使我的技能和知識發揮最大的作用。我非常在意自己寫的論文，但我不知道撰寫這些東西能否讓我充滿使命感。我想要做更多事。不久我就發現，當我更加思考公司對社會的影響時，這些問題對我來說也就變得更重要。

其實，我不知道為什麼有些公司的行事著眼於更遠大的目的，為什麼有些公司選擇不這麼做。我不知道結果為何，甚至不知道怎麼開始分析。我確實知道世界錯綜複雜，公司的行為更是撲朔迷離，難以理解。不過我已經有心理準備，如果我和伊奧安努接受這個挑戰，去解釋企業行為，以及我們是否能從這些行為汲取教訓，那麼光是從數據上來看，我們就有一場硬仗要打。當時，很少公司會公布勞動力的多樣性、職業災害、員工福利、碳排放、耗水量，以及產品是否容易取得和經濟實惠等相關的數據。這是一個大問題。如果我們沒有這些數據，要如何評估並了解企業在社會中扮演的角色呢？

儘管如此，我們還是利用已經掌握的一些數據，設法了解投資人是否關心公司有沒有抱持更遠大的目的去努力。我們分析數千家公司的數據，發現對努力為社會造就正面影響力的公司而言，華爾街分析師的投資建議比較悲觀，反之，對於不這麼做的公司，分析師的投資建議比較樂觀。投資界似乎抱持一個令人驚愕的信念，認為如果一家公司想要對社會有正面影響力，那就代表這家公司在未來的績效會比同業差。我們怎麼能活在一個經理人會因為做好事受罰的世界？更重要的是，分析師的預測準確嗎？如果是正確的，那是基於什麼理由？如果做有利於社會的事會削弱公司未來的績效，我們應該接受這樣的現實嗎？或者我們可以努力改變這種情況？例如，我們要為社會創造出怎樣的條件，才能讓人在做有利社會的事時，也會帶來好的結果？

做這件事很困難，要說服人們認真看待這件事更困難。我們根據研究寫成的論文足足花了五年的時間，才在頂尖的學術期刊上發表。讓我震驚的是，學術界根本沒有幾個人在想這些問題。然而，檔案研究和實地調查讓我相信，這些問題對商業界的很多人而言愈來愈重要，從執行長、投資人到員工，沒有人能忽視這些問題，甚至包括想更了解一家公司的消費者也是如此。社會和環境問題可能與商業有關，而且意義重大，但人們抗拒處理這些問題，也不願承認這些問題很重要。

商業界有很多人認為這些問題是「軟性的」，不屬於嚴肅的議題範圍。二〇一一年，我向重要金融機構大約一百名資深投資專家講述我的研究。他們的回饋意見相當一致：「這些問題並不重要。」在那之後，沒有人來找我，表達有興趣了解我提到的數據或更進一步的研究。那時我只是大學教師，還沒獲得終身職，就連在這個新領域發表論文都很困難，這麼做實在是很大的賭注。幾個為我的學術生涯發展著想的友人建議我說：「放棄它吧！」

但我不想放棄。那時，我對企業、投資人和政策制定者的行為分析研究，使我形成以下這個假設：氣候變遷、多樣性與包容性、產品和服務取得的可能性與可負擔性、產品的安全與品質，以及職場上的機會，全都是重要的議題，不只對社會很重要，對商業來說更是關鍵。我知道，要讓人不再嗤之以鼻的說這些是「軟性的」議題、要讓人了解這些議題至關重要，就必須要有時間連續的客觀數據（而且還要繼續產生客觀數據），並加以分析。

於是，我有了一個使命，希望可以創建了解公司行為的指標與量化的基礎架構，並提供證據給公司，證明它們必須改變影響社會的方法。從我和同事產生的數據來看，我的直覺沒錯。環境和社會問題的確已經影響很多公司、經濟體裡的很多產業，以及很多國家的評價、獲利能力和資本效益。一個圍繞環境、社會與治理（ESG）問題的新興領域正在形成，在世界各地與我合作的企業家、專業人士和投資人身上都展現出無法想像的龐大能量。

我愈來愈相信，我能夠積極發揮作用，創造出一些條件，讓企業做出有利於社會和環境的事，而且我也應該繼續這麼做。我不再問：「我做的這些事情有意義嗎？」我發覺更好的問題是：「如果要盡可能凸顯這些問題的重要性，需要什麼樣的條件？」重新建構問題使我改變觀點，讓我得以利用我身為學者、教育者和實踐者的身分，以一種富有成效和有意義的方式來推動世界前進。

在之後幾年，我和同事促成一場革命，改變人們對這些問題的思考方式。從過去十年我們發表的研究結果來看，我們發現，在ESG議題有所改善、以目的為導向的組織和企業，每年的股票報酬率會比競爭對手高出超過三％。[1]舉一個具體的例子來說，以實際行動因應新冠疫情來保護客戶、員工和供應商的公司，在二〇二〇年三月股市大跌的一個月內，股價表現高出同業二％。[2] 雖然這樣的數據令人印象深刻，但重要的是，我們不只是要了解數據會改變人們的思維（而且這樣的改變會一直持續），也要認知到，目的與獲利的碰撞也會出現在更大的社會轉變中。

在本書第一部〈契合：為更遠大的企業目的創造機會〉中，我討論幾個趨勢，這些趨勢不約而同的把企業目標和社會目標用新的方式連結起來，也就是：

- 企業的目的會隨著時間改變，反映我們希望公司能為世界帶來什麼樣的貢獻（第一章）；
- 人們對工作的期望愈來愈高，客戶對有生意往來的公司期望也愈來愈高，因此人們的態度也不斷變化（第二章）；
- 科技、社群媒體與新的數據指標，使我們對企業的行為要比以往了解更多，企業必須勇於當責，不再能為所欲為（第三章）；以及，
- 企業的行為表現和過去有很大的不同，企業開始提供公共財，承擔社會角色，

以產生正面結果（第四章）。

在第二部〈執行：如何落實目的驅動的計畫〉中，我把焦點放在公司、投資人和員工如何利用社會趨勢，在事業、投資和人生上激發有影響力的改變。我會討論：

- 在策略上，公司如何利用新的分析方法來實際行善，並設計出有正面影響的做法（第五章）；
- 由新趨勢促成價值創造的六個典型（第六章）；
- 投資人的角色，以及他們認知到行善在資本市場能有好的回報，這兩點對公司在正軌上發展非常重要（第七章）；以及
- 我們如何透過這些社會趨勢的視角來看待自己的選擇和職業生涯，並管理自己的行為，因此可以在自己的人生和所在的組織盡可能發揮最大的影響力（第八章）。

圖1.1　本書的關鍵理念

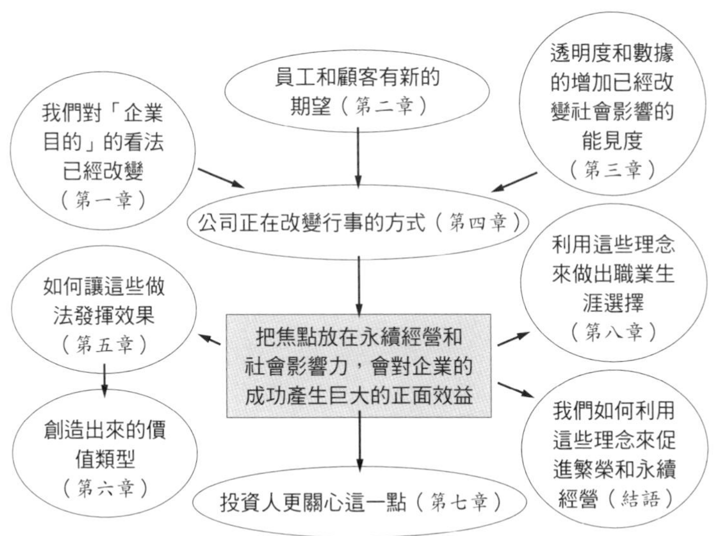

最後，你會對社會上的這項運動有豐富的了解，也知道要在自己的生活和事業落實這些理念有哪些可行的訣竅可作參考。圖1.1說明本書的關鍵理念，並呈現所有的要點。

我對這些議題的研究出現意想不到的進展。你在第一部看到的趨勢似乎一下子引起公眾的注意，而且似乎在一夜之間，人們開始對這個領域感興趣。突然間，人們變得比較願意接受源於這些研究的想法。愈來愈多商業領袖向我諮詢，並邀請我參加會議。我開始看到真正的動力，也看到領導人採取行動。

我和其他研究人員產生的數據非常引人注目，讓人無法忽視，而社會也因為上述理由，開始了解做好事和賺大錢不一定完全無法兼顧，如果你以謹慎和智慧進行永續發展策略，至少有可能會兩全其美。各種組織如雨後春筍般冒出，制定合乎倫理與永續投資的標準，以及追蹤表現的指標，政府甚至要求各州和國家的退休基金在投資時將社會因素納入考量。二〇一六年開始在開演頻道（Showtime）播出的電視劇《金融戰爭》（*Billions*），在二〇二〇年第五季的故事主軸加入影響力投資和永續發展的議題，這些議題幾年前不可能出現在熱門影集中。

在我投入這個領域的研究之初，納入標準普爾五百指數的上市公司中，超過八分之一的董事會沒有任何女性董事。才過了十年，已經沒有任何一家公司沒有女性董事（在所有董事會的席次中，女性董事已經占四分之一以上，儘管並不理想，但已經有進步）。在我開始進行研究時，全世界的大公司中，只有不到二〇%的公司會就公司業務對環境的影響提出相關報告。現在，幾乎九成的公司已經將這個問題列入年度報告之中。

與早期的鮮明對比，使我完全相信我們真的很幸運，得以活在一個追求社會目的與獲利並行的世界，這兩件事愈來愈契合，對組織裡每個階層的人、每個年齡層的人，以及在每一個產業裡的人都是如此。很多人都覺得踏入商業界就是為了賺錢（包括我的學生，如第一章所述），同時又認為工作的動機不該只是為了錢，不過這種衝突其實沒有他們想的那麼複雜。

我一直很驚訝就在不久之前，企業領導人還很懷疑在追求獲利的同時，仍然可以懷抱目的行動，把永續經營、健康和更多人的福祉放在心上。雖然要做到這點並不容易，但這的確是可能的。這就是我在第二部所要傳遞的資訊。我想要傳達最重要的教訓是：**我們不但有可能將目的和獲利結合，甚至可以帶來龐大的回報。但這並不容易，也無法保證會成功**。無論是經營一個成功的企業，或是對有意義的社會變革做出貢獻，都不是簡單的事。兩者都是艱難的挑戰。

我收到的一封電子郵件，讓我記住這點。二〇二一年春天，我準備在課堂上討論南方電纜公司（Southwire）成功推行多年的社區發展計畫。這家公司的總部位於喬治亞州卡洛爾郡。我在備課時，收到一個學生的來信。他告訴我，他來商學院就讀之前，南方電纜公司的社區發展計畫給他很大的啟發。那時，他在喬治亞州的一個商務協會工作，離南方電纜公司的總部不遠。

南方電纜公司的成功讓人驚訝。當地學區將近三分之一的學生無法畢業（特別是幾乎有一半的學生來自經濟弱勢的家庭）。南方電纜公司與當地學校合作，找出高風險學生，幫助他們完成高中學業。這些學生來自低收入家庭、上課的出席率低，在他們的成長過程中，父母不是缺席，就是會虐待他們、染上毒癮或是犯罪入獄。南方電纜公司給這些學生職業訓練、輔導，讓他們有實際的機會可以做出貢獻。這個計畫就叫「12 for Life」，即使當地有很多高風險學生，這個計畫仍然使學生畢業率提高到九四%，也對社區產生巨大的影響（直到今天），同時幫助南方電纜公司的事業發展並鼓舞員工士氣。員工認為擔任學生的導師是很有意義的事，公司也更能吸引、留住好的人才，並強化公司的社會資本。不管景氣好壞，這個計畫一直有獲利，因此得以持續下去。南方電纜公司還會把獲利再投資到這個計畫中，並擴大計畫的規模與影響力。現在，總共有數千名學生以身為「12 for Life」的校友為傲。如此豐碩的結果已經超出計畫推行初期的設想。

我的學生試著在另一個社區與不同類型的公司合作，想要複製「12 for Life」計畫。他寫道：「我自己破哏好了，我失敗了。」失敗的細節並不重要，重要的是他的領悟。這種失敗的例子多不勝數，但**執行要比意圖來得重要得多**。這個學生列舉幾個相關因素：與他合作的公司缺乏熱情、學校方面的資源不足，而且不夠投入，以及缺乏強而有力的領導。這一切加起來使得結果差強人意，這個計畫很快就無以為繼。

我分享這個故事是為了表明，這不是一本講述公益魔法的書。商業上的成功與社會及環境改革的進展要如何取得平衡，還有公司要做出什麼樣的選擇才能達成平衡，這些問題總是很複雜。此外，消費者、投資人和更廣大的世界會有什麼反應，並不是一直可以預測。但是，我的研究顯示，做公益的回報愈來愈高，在某些情況下，甚至是生存的必要條件。然而，如果要在重要的地方發揮作用，你就必須深入研究，真正

圖1.2　目的與獲利的光譜

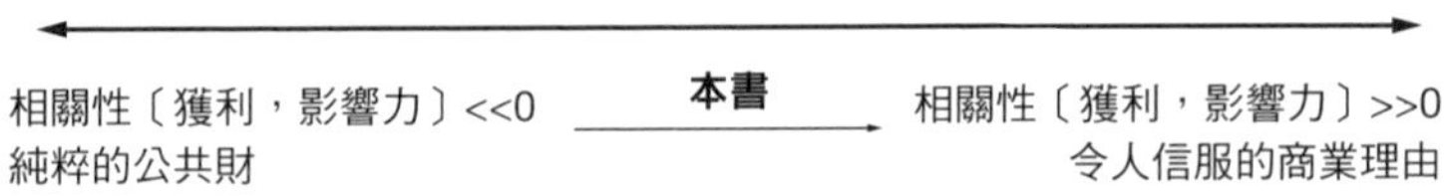

相關性〔獲利，影響力〕<<0　——本書——>　相關性〔獲利，影響力〕>>0

純粹的公共財　　　　　　　　　　令人信服的商業理由

明白為什麼有些計畫會成功，有些計畫終會失敗，這就是本書的內容。

圖1.2顯示**目的與獲利**在所有可能觀點中的落點。圖的左端代表企業的傳統觀點：對世界有正面影響，但會對獲利造成淨負面影響，因為做有利於社會公益的事只會耗費時間和金錢，讓公司遠離產生獲利的核心功能。圖的右端則代表一廂情願的認為，做有利於社會公益的事，對獲利必然會有淨正面影響，只要有好的意圖就夠了，市場自然會獎勵動機最單純的行動者。

我反對上述兩種觀點。在某些情況之下，這兩種觀點都可以成立。有些公司趨向圖的右邊，但不是全部。由於世界經濟已經開闢一條道路，使企業和社會利益更為緊密契合，這趟旅程會如何，就要看我們每一個人怎麼做，這本書要為成敗的區分提供一個答案。

ESG如何影響你？

從根本上說，《目的與獲利》是寫給企業家、年輕專業人士、中階主管、資深主管與投資人，這些人在具有社會影響力的領域裡工作，從為全體員工及當地社區服務，到解決環境、不平等及其他全球議題，而且這麼做不只是讓他們覺得有成就感，還是企業成功的驅動力。這本書的目標是要幫助所有人了解，**為何**致力於公益會使一些公司爬升到新高峰，這些公司是**怎麼**做到的，以及你需要了解**什麼**，才能利用在社會中形成的強大新聯盟。

《目的與獲利》的基礎是近十年來我在哈佛及其他地方與共同作者發表的五十多篇研究報告，以及我身為企業經理人、董事和投資人所累積的實際經驗。

本書也是為做實事的人寫的。這樣的人相信企業家、專業人士、投資人，還有在各階層及各個生涯階段的員工，都能運用自己的技能和知識，使社會變得更好。我花了很多時間說服大家相信，商業中的ESG是關鍵因素。如果我不認為這些議題絕對值得提出來，引起大家的重視，而且真的能改變世界，那麼在潮流轉向之前，我早就會放棄，轉而投身於能更直接且廣泛為人接受的研究領域。

目的與獲利契合的觀點如此出色，使我對商業更加熱愛，不只從組織和社會的角度來看沒錯，從個人的角度來看也是如此。如果對你個人而言，你的工作讓你覺得很充實、能得到回饋，你就會更努力，而且必然會設法創新。這個世界能有更好的汽車、更好的咖啡、更好的建築材料，更好的一切，而且當生產力提升，就會反應在獲利上。儘管你會擔心純粹的獲利將受到影響，最終還是更有利可圖。這是一個良性循環的特殊例子，這樣的例子前所未有。讀完這本書之後，你應該能用新的視角來看待自己的職業生涯和世界，相信現在就是追求夢想的最佳時機，而你必然能在這個世界獲得回報。每一個人都能走上一條透過商業提升世界的路徑。歸根結柢，這就是目的與獲利結合的力量。

第一部

契合

為更遠大的企業目的創造機會

第一章
經商之道：商業世界的轉變

二〇一六年初，我以氣候變遷為題，對汽車公司的主管演講，內容特別著重在電氣化如何成為重塑汽車產業的大趨勢。他們認為電動車要成為主流還言之過早，目前的汽車產業在二〇三〇年，甚至更久之後，都不大可能受到影響。我提到特斯拉，他們笑了笑，說特斯拉不可能大規模製造可靠的汽車，更別提影響到他們的產業。汽車龍頭戴姆勒集團（Daimler）*前執行長艾德薩德．羅伊特（Edzard Reuter）就說，特斯拉「是個笑話，用不著在意，這家公司跟偉大的德國汽車公司差得遠呢」。[1]

* 譯注：戴姆勒集團已於二〇二二年二月一日宣布更名為梅賽德斯—賓士集團（Mercedes-Benz Group AG）。

不過短短幾年，特斯拉已經大幅超車，把其他汽車公司拋在腦後。特斯拉的市值比很多競爭對手來得高，不但比豐田、福斯、戴姆勒、通用、BMW、本田、現代、飛雅特克萊斯勒和福特還高，甚至高過這些公司的市值總和。[2]特斯拉能稱霸車市，是因為這家公司專注於「目的」（purpose），而不是「獲利」（profit）。儘管伊隆・馬斯克（Elon Musk）有時是個不按牌理出牌的企業家，但你很難懷疑他致力於創新、開發實際的解決方案，並在因應氣候變遷上帶來改變。

「目的」不只讓企業家創立新公司，也是薩帝亞・納德拉（Satya Nadella）改革微軟的核心。這家世界上最有價值的公司一度失去光環，無法創新，注定要在公司歷史上遭受第二次失敗。但納德拉努力把「目的」灌注到微軟所做的每一件事，堅持公司的動力來自一個目標：透過科技，讓人過得更好。他利用這個核心價值來重塑公司文化，恢復創新精神，並設法讓這個科技產業更具包容性。在創新方面，納德拉將公司的業務重心從Windows作業系統擴展到新的領域，如雲端運算服務。在包容性方面，他提高微軟內部人才族裔與性別的多樣性，把為員工擴展機會列為公司理念的關鍵部分。

納德拉說：「我總是會想到我們公司與周遭世界的關係。如果你做的一切只是為了自己的利益，你根本無法存活……會有獲利，是因為你在周遭創造更多的利益。」[3]微軟已經連續三年（二〇一九至二〇二一年）被非營利組織資本正義協會（JUST Capital）評選為美國最有正義的公司，也成為世界上致力保護環境、強化民主的領導公司。[4]可見，老牌公司的企業再造不只是為了自己，也能使這個社會變得更好，微軟就是最有力的例證。過去種種不代表命運會如何，領導人有相當大的能力可以定義自己和組織的未來。

「當我們談到我們的使命是賦予地球上每個人和每個組織有能力去達成更大成就的時候，」納德拉告訴科技網站CNET：「不能只是空口說白話，而是要在我們做的每一個決策、我們創造的產品，以及我們面對顧客的方式，體現這樣的本質。」[5]

企業再造的背後：目的驅動的激勵因素

新公司和老公司現在不只著眼於追求獲利，還希望透過更遠大的目標促成自身的改造與產業轉型。我認為，要了解目前的趨勢可歸結到一個簡單的問題：

「為什麼有人想要經商？」

我對哈佛商學院的學生提出這個問題，得到的答案幾乎取決於我**怎麼**問這個問題。如果我像剛才那樣抽象的問：「為什麼有人想要經商？我這裡指的人是其他人、出現在新聞裡的人、你只能假想他們的思想和動機的人。」這個答案很簡單，就是為了賺錢。這是我們對商人的刻板印象。然而，這不只是刻板印象，而是基本的假設和期望。如果你回頭看經濟學家米爾頓．傅利曼（Milton Friedman）在一九七〇年投書到《紐約時報》那篇極具影響力的文章〈傅利曼理論：企業的社會責任就是增加獲利〉（A Friedman Doctrine—The Social Responsibility of Business Is to Increase Its Profits）就會發現，獲利是最重要的事。[6] 傅利曼論道，企業要做的事就是獲利，企業領導人唯一的目標就是盡可能增加獲利，用不著管社會影響力和其他因素。

然而，如果我這麼問：「**你**為什麼想要經商？」通常，學生的答案會大不相同。他們告訴我，他們的動力來自想要創造的挑戰，希望創造出能使消費者滿意、高興的產品、創造就業機會，以及為自己開創充滿心智挑戰、獲得有成就感的專業關係、創立高績效團隊和擁有社會影響力的人生。當然，他們想要賺錢，因為有了錢，才能購買生活所需的商品和服務，但對大多數的人來說，經商的動機不只是為了實現獲利最大化，這不是讓他們一早就興奮睜開眼睛開始工作的原因。

想要改變世界，也想賺錢

多年前，我遇見雷尼爾．英達爾（Reynir Indahl）時，他正在全世界績效最好的私募股權公司工作。然而，二〇〇七年爆發金融危機時，他覺得自己像被制度綑綁的囚徒。因此他認真思考社會中不平等的問題，發覺想要確保自己站在對的一邊，在這個世界創造正面貢獻，而非助長負面影響。

雷尼爾最後決定做出改變。有一次我請他來哈佛商學院，在我開的一門課上對學生演講。下課後，我們共進午餐，他說，他正在苦思職業生涯的下一步該怎麼走，請我給他建議。他很想改變世界，但覺得在目前的工作崗位上做不到這件事。我跟他說：「你何不創辦自己的私募股權公司？」幾個月後，雷尼爾創立總和私募股權公司（Summa Equity），聚焦於環境、社會與治理（ＥＳＧ）議題，為聯合國永續發展目標（United Nations Sustainable Development Goals，包括消除貧困與飢餓，提供優質教育、平等與公正、潔淨的環境等目標）創造解決方案。雷尼爾認為，在ＥＳＧ議題（如氣候變遷、教育、透過醫療照護的創新來增進生活品質等）起帶頭作用的公司，未來的成長幅度會最大，而且這不只可以博得媒體好評或討好消費者，對世界也有貢獻。這關乎企業策略和成長。他相信，深諳ＥＳＧ議題的總和私募股權公司可以為這些公司的成功做出貢獻，並為世界帶來正面影響。

我有幸成為總和私募股權公司的顧問和投資人，親眼目睹雷尼爾跟他的合夥人如何建立一個真正以目的為導向的組織。總和私募股權公司目前管理的資金已經超過十億美元，同時致力於地球的永續發展。二〇二一年，總和公司出脫對環境解決方案公司索泰拉（Sortera）的投資，這是公司的第一筆投資。索泰拉的營收五年增加七倍，市值成長的幅度更是驚人，帶給公司可觀的投資報酬。

我見過很多像雷尼爾這樣的人，儘管非常成功，卻在職業生涯的中間點意識到，他們沒有追求真正可以激勵自己的目標，於是決定冒險一試，做些更有影響力的事，希望能做出改變。我看到愈來愈多職業生涯剛起步的人也是如此。

我以前的學生賈里德．廷格（Jarrid Tingle）就是這麼一個例子。賈里德來自費城附近的一個單親家庭，由媽媽撫養長大。因為有低收入戶學生助學計畫，他才能進入一所競爭激烈的私立高中，然後到賓州大學華頓商學院就讀。大學畢業後，他在巴克萊集團（Barclays）的投資銀行部門工作。

他在快三十歲時，跟幾個朋友共同創立哈林資本公司（Harlem Capital Partners），專門投資少數族裔和女性創辦的公司。如賈里德所言，他從研究中發現，少數族裔和女性在創業時很難籌措資金。如果要成功，就得克服更大的挑戰。

賈里德一開始幾乎募不到錢，好不容易才推出一支四千萬美元的創投基金，讓哈林資本有機會在未來二十年達成目標，投資一千名來自不同背景的企業創辦人。二〇二一年，哈林資本募集第二支基金，這次募到一億三千四百萬美元。賈里德從哈佛商學院畢業後，我們以哈林資本撰寫商學院教案，當時他告訴我：「大家都認為不可能投資背景多元的企業家，因此我們著手證明這種想法是錯的。」[7]他們已經成功證明這一點。

我的另一個學生也有同樣的動力，想要為社會做出貢獻。蒂芙妮・范（Tiffany Pham）的祖母是越南的企業家，經營報紙、開設公司，也是越南最早學會開車的女性。蒂芙妮效法祖母，也在娛樂界建立自己的事業。

二〇一四年，蒂芬妮入選《富比士》（*Forbes*）美國媒體業「三十位傑出青年榜」（30 Under 30），這時她的人生有了轉變。在《富比士》的報導刊出之後，很多剛進入職場的年輕女性都寫信給她，想聽聽她的建議。她和很多人通信後，發現世界各地的年輕女性都胸懷大志，渴望有人能給她們建議和機會。於是，她決定創立一個平台，提供她們這個需求，同時她也學習架設網站。這個平台後來變成一個名叫「大亨」（Mogul）的公司，這是提供教育和資源給全球女性的社群媒體平台。這家公司創造一個獲利可觀的訂閱制商業模式，雇主可以在數百萬潛在員工中找到各式各樣的人才。蒂芬妮的客戶中，有一些是全球最大的公司。

這些實例說明源於「目的」的領導，也就是商業動機不只是以潛在獲利為基礎，還以更廣大的使命作為動力，可能成為一條通往成功和實現目的之路，不管一個人在職業生涯中的哪個階段，都能秉持這樣的理念去實踐。

永續發展的最高境界

當然，世界上最大的公司也會面臨同樣的議題。聯合利華（Unilever）前執行長保羅・波爾曼（Paul Polman）就是最知名的例子。聯合利華是全球最大的民生消費產品公司，旗下有四百多個品牌（包括Ben & Jerry's冰淇淋、多芬清潔用品、Hellman's美乃滋、康寶濃湯、立頓茶包等），也是全世界最大的香皂製造商。

「目前我們需要解決的兩個最大挑戰，就是氣候變遷和不平等，」波爾曼說。[8]「任何時候只要你知道自己在製造汙染，把碳排放到空氣中，就會有人死去。任何時候只要你知道自己在浪費食物，就會有人餓死。這是我們的問題。我們在同一個星球上生活，如果找不到一個方法能與其他人和諧共存，就無法存續下去。」[9]

每年，聯合利華都會發布一份年度報告，內容包括公司在解決一些最具挑戰性的社會問題取得的成就。[10]報告還表明，公司一定會盡全力改善全球數十億人的健康和衛生狀況，拯救我們的環境，創造更具有包容性的商業機會、賦予女性更多權力等。

這家公司的計畫和行動不是在做慈善，而是利用公司永續發展的目標使業務成長，並在這個過程中與消費者和員工建立更緊密的關係。在波爾曼擔任執行長期間，聯合利華的股價上漲超過一倍。正如公司在官網上寫道：「我們很早就知道，成長和永續發展沒有衝突。」[11]聯合利華的永續生活品牌（Sustainable Living Brands）努力朝向永續發展的目標前進，到了二〇一八年，這個品牌的成長速度比公司其他品牌快六九%。[12]這個永續發展的品牌不是為了地球的利益而犧牲公司，而是把公司推向成功的差異製造者（difference-maker）。

「我們相信有明確而充滿說服力的證據顯示，抱持『目的』的品牌才會成長，」二〇一九年接替波爾曼擔任聯合利華執行長的亞倫．喬普（Alan Jope）說道：「『目的』會為品牌創造意義，能為品牌帶來聲量，強化滲透力，並減少價格彈性。其實，我們對這一點深信不疑，因此我們準備好在未來全力以赴，使聯合利華旗下的每一個品牌都是懷抱『目的』的品牌。」[13]

行善之路：不要只盯著獲利

上面故事裡的雷尼爾、賈里德、蒂芬妮和波爾曼，來自非常不同的產業，處於不同的職業生涯階段，秉持完全不同的使命，做的事情也大不相同，但他們有一個共同的目標，就是為人們的生活帶來巨大的轉變，這就是我為何會如此熱愛商業與商業的可能性。從每一個生活層面是否有改善的角度來看，我們的社會已經有飛躍式的進步，不管是旅行、通訊，或是品嘗世界各地的美食。會有如此驚人的進展，是因為商業能為我們甚至還不知道的問題創造解決方案。從治療疾病到創造一種風味絕佳的新咖啡，商業能帶給我們的產品種類多到無法想像。

事實上，現在很多企業不只聚焦在獲利，他們也努力解決社會問題、改善不平等，拯救氣候，並與貧窮作戰。他們會這麼做，一個原因是企業是由個人組成，而每一個人都希望每天早上醒來時，相信自己做的事對這個世界是好的，創造的東西能幫助其他人，而非只是為了賺錢。他們會這麼做的另一個原因則是：這可能是很好的生意，正如前面提到的案例一樣。

米爾頓．傅利曼認為，企業唯一的責任和焦點應該是獲利，不用管獲利是怎麼創造出來的。這種觀點反映他所處的時代。在冷戰的背景下，他要做的是，表明開放、自由的市場優於蘇聯的政府管控。他擔心如果允許經理人追求獲利之外的東西，會開啟貪腐之門，使他們不惜犧牲投資人的利益，中飽私囊。

也許傅利曼更擔心的是「解決方法會比問題本身更糟」。若是讓經理人在做決策時考慮到社會福利，會使市場流程轉變成政治流程，走向中央計畫，讓政府得以控制稀有資源的分配、顛覆競爭和私有權制度，最終犧牲個人自由。

我理解這樣的擔憂。一九八〇年代和一九九〇年代我在希臘長大，由於政府強制控管企業，因此對經濟和公民福祉造成傷害，傅利曼擔心的很多事情都在我眼前發生。但傅利曼是在一系列的假設下做出推斷，這些假設不是已經隨著時間流逝而改變，就是被證明是錯的。

首先，五十年前的人幾乎看不到企業的行為，外界能追蹤的只有股票價格。儘管員工或客戶偏好在世界上做好事的公司，卻無法表達這種偏好，因為根本沒有資訊可供參考。現在，我們正在社會中建立當責結構（我們會在後面的章節進一步探討ESG指標和影響力加權會計的研究），這樣就可以對企業行為進行觀察、追蹤和分析。

如果沒有這些數據，就會假設：以使命為導向的公司為了達成目的，只好犧牲獲利，而且在一個運作良好的市場中，這種以使命為導向的公司會失敗。現在，有了相關數據，我們可以看到，以目的為導向的公司往往不會失敗。目的驅動的公司可以真正為社會創造價值，表現反而更好，而且時間一久，成效更加顯著。這就是為什麼我們看到有些公司會異軍突起，包括由非營利組織 B 型實驗室（B Lab）正式認證的 B 型企業（B Corps，詳見第二章），還有目的驅動的大公司，如聯合利華、大自然美妝保養集團（Natura &Co）等。

另一組假設涉及運作良好的市場，這樣的市場沒有任何外部影響，買賣雙方沒有資訊不對等的問題，公司也無法利用政治流程來影響政策、價格和法規。數十年來這些假設很常見，如今已經證明是錯的，而錯誤的代價仍在不斷增加。環境已經惡化到失控的地步；我們一直陷入「社經背景不同的群體存在機會不平等」的問題；社會中最富有的人和最貧窮的人收入差距愈來愈大；心血管疾病和糖尿病等慢性病的盛行率愈來愈高等。如果你認為這些問題和商業無關，而且還抱持這樣的假設，那就錯了。

今天，所有排放的溫室氣體當中，只有二〇%受制於某種價格（碳定價尚未普遍實施），而且企業對我們的政府體系依然有極大的影響力和權力，從石油和天然氣公司能影響能源價格，到金融服務公司會影響銀行法規，再到藥廠可以影響藥品價格。至少在美國，顯然直到最近，大家才開始關注在黑錢（dark money）*和更廣泛的政治獻金之間，政治體系被利用的問題。

我發覺舊思維還有一個主要弱點，亦即假設在企業中只有兩種人舉足輕重：一種是領導公司的執行長，另一種則是追求獲利的投資人。這是一個簡化的世界觀。其實，大多數的人都不是執行長，卻依然非常關心公司努力的方向。就像我的學生說道，不管是哪個階層的人，一個人會踏入商業界，是因為他們認為自己可以有所作為，為市場提供價值，並依照自己的價值觀生活。

不幸的是，受到這種傳統假設的影響，讓不只關心眼前利益的人擔憂自己似乎

* 編注：在美國，黑錢是指捐助給非營利政治組織的錢，這些政治組織不需要公開資金來源。

會顯得很軟弱、不夠強悍，或罔顧市場現實。我和教過的一些學生與剛畢業的學生談話，發現他們都有這樣的顧慮。我教過的一個學生曾在一家非常成功的公司工作，她告訴我，她在向客戶提供建議時，很難大方提到如何更積極的改變世界，提供更好的產品或考慮更重要的社會議題，她擔心如果這麼說，客戶會認為她的動機有違「商業正確」。

儘管她努力想要改變，依然覺得自己應該像電影《華爾街》（*Wall Street*）中麥克．道格拉斯（Michael Douglas）扮演的戈登．蓋柯（Gordon Gekko）行事，在「貪婪是對的」信念下工作。她想像，如果不把全部的心力投入在獲利上，就會被競爭淘汰。我沒反駁她的說法，只是問她，試圖打擊她做好事的人是身邊最成功的人，還是她在工作上敬重的人？

她反思這個問題的時候，我也想了一下，結果，我們都發現，表達這種想法的人、因為考慮工作的社會影響力而貶低其他人的人、似乎以純粹的貪婪驅動的人，很少是組織裡表現最好的人。這樣的人不是她或我想仿效的對象，也不是合作最有成效的人。

因此，問題不是我們如何忽略「軟性」的議題、不再關心，也不再去想我們對世界的影響，而是應該把這些議題轉化為挑戰，思考我們可以透過企業家的努力，提供哪些解決方案。所謂的多元化不該只是口號，而是該想想如何像哈林資本那樣，真正利用這點來創造商業附加價值。我們該如何把環境問題、強烈的道德規範、讓商品更廣泛取得等等的問題轉變為成長的機會，用來推動新產品，而非讓這些問題成為我們必須克服的阻礙？

我們在思考目的與獲利的交集時，這樣的問題非常重要，而答案會是企業成敗的關鍵。在接下來的章節中，我會說明為什麼這些問題是今日企業成功的核心。

擴展企業任務

二〇一九年八月，美國企業協進會（Business Roundtable）發表一封公開信，駁斥企業的經營只是在追求獲利。這個組織是由一百八十一位全球頂尖企業的執行長組成，包括蘋果、沃爾瑪、亞馬遜、美國運通、英國石油、埃克森美孚石油、高盛等，他們聲明要為顧客、員工和國家提供價值。

「我們要促進多元化、包容性、尊嚴與尊重，」這封公開信寫道。「我們要致力成為其他公司的好夥伴，不管他們的規模是大是小，來幫助我們達成目的……我們尊重社區居民，在企業中的每一個部門採納永續發展的做法來保護環境。」[14]

然而，簽署這份宣言的公司並沒有馬上出現巨大的轉變，對懷抱目的行事的人而言，企業這樣信誓旦旦並不會讓他們立刻放下重擔。正如我在前言提到，要促成這樣的轉變絕非易事。保羅・波爾曼在聯合利華推行永續生活計畫、受到全球媒體讚揚的同時，另一家財星五百大企業NRG能源公司（NRG Energy）執行長大衛・克雷恩（David Crane）公開承諾，公司將在二〇三〇年減少五〇%的碳排放量，至二〇五〇年減排九〇%。NRG能源公司是美國第二大電力公司，以燃煤發電為主，但克雷恩準備把燃煤發電的獲利投資在再生能源，使公司轉型，從全世界環境汙染的罪魁禍首轉變為綠色巨人。

克雷恩在二〇一四年發動轉型策略時說道：「總有一天，當我們垂垂老矣，孩子請我們坐下來，看著我們的眼睛，感受到強烈的背叛和失望，悄聲說道：『你早就知道了……但你只是袖手旁觀。為什麼？』」[15]同樣的話，也可能出自波爾曼之口。

結果呢？NRG的股價下跌，克雷恩宣布推行綠色計畫還不到兩年就被解雇，這家公司又走上汙染的老路，股價也快速反彈。NRG努力想要跟聯合利華一樣走同樣的路，最後卻讓人紛紛談論NRG的失敗。克雷恩告訴《綠色科技媒體》（*Greentech Media*）：「我最難釋懷的事情就是，我以為我對氣候變遷的事業有特殊貢獻，可以讓世人看到一家化石燃料公司也能成為一家綠色企業。但我被解雇了，沒能達到目的。我已經發送相反的訊息：你以為你可以改變公司，而且因此獲得獎賞，但這只是妄想。」[16]

NRG的故事證明，企業要做的事情並沒有把這個世界變成資本主義烏托邦。儘管如此，像企業協進會的宣言依然代表一種轉變。現在很難找到一家成功的公司（老實說，甚至包括不成功的公司）願意站出來，表明完全無視這些問題。就連NRG能源公司也在官網上大肆宣傳在永續經營上的成功。[17]有人可能會說，因為這關係到公司聲譽，但這只是問題的一部分。使這些因素並行的力量非常強大，因此沒有公司願意站出來說這些事情不重要。在這些議題起帶頭作用的公司，做得要比最低限度更多，而且不只是承認這些事情很重要，還發現這些事情是促成成功的因素。企業協進會的宣言關乎生存，如果不點頭朝社會利益發展，就無法生存。事實上，我們已經看到愈來愈多公司願意完全擁抱這些議題，並視之為當務之急，最後獲致成功。

職場的透明度也大有幫助。公司不能像以前那樣隱藏事情。在某種程度上，透明度過於朝另一個方向發展，那就是資訊超載，背景有很多雜音。這意味你無法隱藏負面影響。如果你的供應鏈在一個遙遠的國家做什麼糟糕的事，一定會被人發現。但在一九七〇和一九八〇年代根本不是這種情況。過去二十年來，唯一受到這種攻擊的只有耐吉（Nike），結果迫使耐吉大幅改革，促進勞動人權。現在，要偵測出這件事更為容易，這是一個更為透明的世界。（我會在第三章詳細討論這個主題。）

同時，隨著社會愈來愈富裕，對個人來說，社會正義也愈來愈重要。人權及不尊重人權的代價，也變得愈來愈顯著。在某個程度上，這是一個世代議題。年輕人確實比較關心世界的現況。我記得在跟一個領導人交談時，他對ＥＳＧ議題表示懷疑，但他說自己是被迫行動，因為要是不行動，所有的員工都會反抗。我在這個主題的研究（我們會在第二章討論）顯示，當公司認真看待這個議題時，公司內每個階層的員工都變得很重要。公司推動這項政策議題的動力來自全體員工，而非只是高階主管。

聚焦於更大的社會議題努力，在公共關係、公司的創新，以及招募和留住最好的人才等很多層面上都有很多好處，他們關心公司的使命，每天都兢兢業業，充分發揮自己的才能。

反之，將使命與目的排除在職場外的公司，最終會失去大量的人才和動力。我在自己的研究中清楚看到這一點，我不只是教授和研究人員，還創立顧問公司和科技公司，在工作中與全世界的企業領導人合作。熱情和目的會驅動創新；如果只是為了錢，工作就會讓人覺得無聊、空虛。一心一意專注在獲利上，並不會讓有才華的人興奮追求自己的創業構想，而是把他們關進一個狹窄的箱子裡，只想著如何逃脫。

證據就在結果之中

我們因此發現一個永續發展的良性循環，這也是本書其他章節的論述核心。以目的驅動的公司會有更好的表現，其中一個原因是他們有絕佳的方法來利用永續因素作為商業驅動力，激發更多的創新，在產品和服務方面做出明智的決策，另一個原因是，如果公司關心這些議題，會激勵關心這些議題的員工，因此他們願意投注更多的心力，更努力工作。對個人來說，全心全意投入工作的使命和目的，往往代價更高：看看雷尼爾・英達爾的例子，他們離開一家業績優異的公司，去承擔不必要的風險。同時，得到的好處也不一樣了。如果一個人對自己每天所做的貢獻感到自豪，獲得的回報會高出很多。

史帝夫・賈伯斯（Steve Jobs）二〇〇五年在史丹佛大學畢業典禮演講時說道：

「只有你相信自己做的是偉大的工作，你才能真正心滿意足。而要做偉大的工作，只有一個方法，那就是熱愛自己做的事。」[18]這就是為什麼以「目的」作為動力非常重要，這也是為何企業的任務不只是獲利。

影響力世代

在下一章，我要深入探討過去五十年來企業的態度和行為的轉變，以及今天的年輕人，也就是「影響力世代」，如何使公司做出很多朝永續發展前進的決策。身為消費者和員工，他們不願像過去的人那樣，忽視或接受企業不良的行為。再者，社會已經意識到企業也許不只是為了賺錢，還擁有更遠大的目的。這種想要做得更多、而且貢獻更多的個人衝動，正在促成我們在今日世界看到的很多變化。

第二章
影響力世代的影響

今天，消費者和員工能選擇的產品很多。我的學生大多數年紀都很輕，不記得以前那個選擇很少的時代。舉個簡單的例子，我小時候在希臘長大，記得那時去市場，如果想買牛奶，只有一種選擇。現在，即使是最小的迷你超市，也有數十種選擇，從傳統牛奶到有機牛奶、全脂牛奶、低脂牛奶、脫脂牛奶、豆奶、杏仁奶、椰奶、燕麥奶、大麻籽奶、香草風味奶、加糖或無糖的牛奶等等。如果本地商店的選擇不夠多，幾乎可以肯定在網路商店找得到想要的選擇，除非你還沒被供應商瞄準目標，在你最喜愛的社群媒體平台上投放商品廣告。

在就業方面，我也記得曾在報紙分類廣告上看到徵人啟事。以前找工作的管道有限，今天的管道則很多，如人才招募平台領英（LinkedIn）、各個機構和公司在網路上發布的職缺公告、徵人電子郵件，以及幾乎每個產業或每種職業在Facebook上的社團，更別提遠距工作需求爆發，讓人得以擴展到全球各地尋找工作機會。再者，與前一代的人相比，在你決定去一家公司上班之前，你可以找到那家公司的資訊已經大幅增加。像是玻璃門（Glassdoor）這樣的企業評論網站，可以得知員工對這家公司的評價，還可以簡單瀏覽公司網站並閱讀新文章，現在企業要比以前透明多了。

這些選擇使人得以用前所未有的方式表達各種偏好，也可以依照自己的價值觀來購買東西、決定在什麼樣的公司工作。在從前，這是不可能做到的事。如果你關心環境，你可以選擇具有環保意識的公司製造的產品，或是在堅守環保使命的公司工作。如果你的公司特別重視某個理念，可以透過很多方法向世界宣告（如社群媒體或其他方式來發送資訊），並吸引認同這個理念的客戶和員工。

根據我從四百多家大型組織、五十萬名左右的員工蒐集到的數據，目的驅動的公司（在我稱為「目的明確」這個衡量指標上得分很高的公司），績效明顯比競爭對手好得多，風險調整後的股票報酬率每年約為六％。會有如此令人驚豔的表現，可能是因為這些公司得以吸引更優秀的員工，或是員工受到激勵，相信工作的目的，更加勤勉努力。或許部分原因則是客戶看到相同的訊號，想要與這些公司合作，或是購買他們的商品，甚至願意多付一點錢。這項研究顯示，目的和成功緊密相連。從消費和就業來看，我們更加傾向根據價值觀來行事。

在這一章，我會透過四個清晰可見的社會趨勢來探討消費者及員工賦權：

- **選擇性**增加。
- 企業行為的**透明度**（可見度）增加。
- 員工和消費者**發聲**的機會增加。
- 與物質資源相比，**價值**（人力資本與社會資本）的重要性提升。

如圖2.1所示。在本章最後，我會深入研究企業目的的數據，並顯示這些趨勢如何

圖2.1　四種社會趨勢

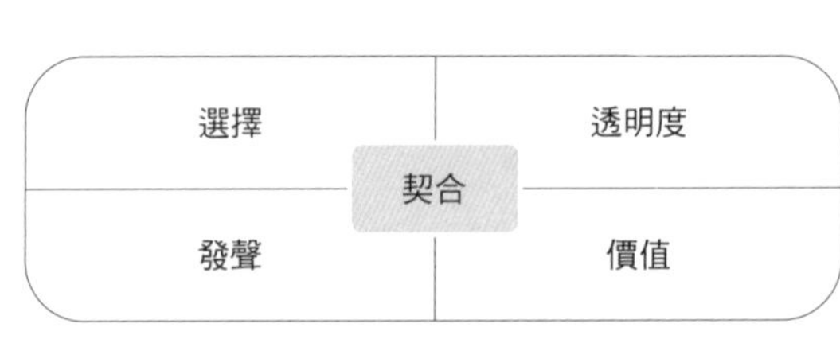

為企業帶來回報。

更多牛奶、更多牛仔褲、更多銀行

一九七〇年，有四種牛奶、五種尺寸的電視螢幕、十六種品牌的礦泉水、一百六十種早餐脆片、三百三十九種報紙。到了二〇一二年，這些產品的種類已經大幅膨脹，有超過五十種牛奶、四十三種尺寸的電視螢幕、一百九十五種品牌的礦泉水、四千九百四十五種早餐脆片和超過五千種的報紙。[1]我們生活在選擇超多的世界。一個原因是全球化，由於配送和價格的阻礙減少，使得廠商在世界各地銷售產品的能力增加。然而，科技不只讓我們能從更遙遠的地方買東西，也幫助我們更了解產品。網際網路幾乎已經讓取得知識的成本消失了，而社群媒體也改變企業的能力，即使很小的公司，也能透過廣告更精準打中目標客群。再者，創業文化日益盛行，創業各方面的成本下降，尋找新客戶的成本減少，商品製造的成本降低，使消費者的選擇和產品種類大幅增加。

像家樂氏（Kellogg's）這樣的公司了解到，有一群消費者偏好天然和有機食品，但這些不是他們的核心產品，因此公司在二〇〇〇年收購有機食品公司寇司（Kashi）*，將其發展成一個擁有九十多種產品的大品牌。Airbnb也擴展旅客可以找到的住宿類型，提供無數獨特的住宿地點，還有機會向房東預訂當地活動。

但選擇不只是表面上的偏好。在沒有選擇的情況下，消費者無法表達自己的好惡，或是影響企業行為。如果唯一的選擇是購買一家不良公司的產品，不管你選擇用哪個層面來定義「不良」，消費者都只好買了。反之，現在消費者有更多的能力來滿

---

* 譯注：這個品牌名源於「kashruth」，也就是符合猶太飲食規定（Kosher）的潔淨飲食（寇修）及世界著名的長壽飲食法創建者久司道夫（Michio Kushi）。

足自己選擇任何類別產品的特殊需求，不管是設計、口味或是比較接近ＥＳＧ核心的顧慮，如社會意識或環境的永續發展。這就不只是提供選擇，而是讓消費者覺得自己有能力選擇與自己價值觀符合的公司及其提供的產品。

這就是為什麼我們會在意想不到的產業，比方說銀行業，看到像願景銀行（Aspiration）這樣的例子。願景銀行是一家以價值觀為基礎的銀行，承諾自己要成為「一種新型的金融夥伴，把客戶和自己的良心擺在第一位」。[2]這家銀行用具有社會意識、永續發展的方式來管理資金，保證不會把客戶的存款用在「化石燃料的開採或生產」，向其他具有社會意識的企業購買產品時會提供現金回饋，也將收取手續費中的若干比例用於慈善事業。

聯合利華旗下的家庭用品公司代代淨（Seventh Generation）生產從天然植物萃取的清潔產品，每年都會向大眾發布企業意識報告（Corporate Consciousness Report），展現公司對永續經營的承諾。[3]有些消費者希望選擇與自己價值觀相符的家庭用品，代代淨公司為這樣的消費者提供一個真正的選擇。汽車公司特斯拉也提供年度影響力報告。[4]生產可替代牛奶的燕麥奶公司歐特力（Oatly）則大肆宣揚燕麥奶是比牛奶更好的熱量來源，公司網站放上營養標示資料，並宣稱與牛奶相比，生產燕麥奶可以減少八〇%的溫室氣體排放量，在生產過程中使用的能源也少了六〇%。[5]這些公司都在盡力擴大消費者的選擇，讓消費者得以將自己的信念與購買的商品連結起來。

百事公司（PepsiCo）前執行長盧英德（Indra Nooyi）為了使公司朝向更永續發展的方向前進，提供更健康的食品和飲料讓消費者選擇，但這卻讓她差點丟掉工作。她以「兼益」（profits with purpose）的做法推動更健康的產品，卻被《商業內幕》（*Business Insider*）嘲諷是「自我感覺良好的廢話」，並遭到分析師奚落。[6]然而，盧英德預見未來，了解這個世界會愈來愈重視消費者關心的問題。在她任職期間，她推動公司開發更健康的產品，結果股價因此翻倍。[7]

這只是其中幾個例子，這樣的實例可說不勝枚舉。數據顯示，這類宣言對消費者來說產生真正的影響。現今社會對作惡者的容忍度要比以前低得多，不再願意接受在環保和社會公益面向上毫無作為的公司。我們希望有更多營養價值很高的食品、不會傷害世界的產品，以及更多關心社會問題的企業。有項研究發現，服飾零售商Gap的顧客如果可以選擇，比較願意選購貼有符合道德良知標籤的產品。牛仔褲上的標籤提供製造過程減少水汙染計畫的資訊，銷售量會增加八%，特別是對女性消費者，而且一項實驗也發現，掛上符合公平勞工標準法（fair labor standards）標籤的衣服會有更高的銷量。[8]

確實，我曾和全球頂尖公關公司愛德曼（Edelman）的執行長理查・愛德曼（Richard Edelman）在同一場活動演講。愛德曼告訴聽眾，現在消費者愈來愈傾向購買自己信任的品牌。身為商業人士，有個重要的事必須牢牢記住：顧客是聰明人。根據愛德曼全球信任度調查報告（Edelman Trust Barometer，這份報告調查世界各地的人最信賴的消息來源），在八個國家當中，有半數的消費者認為品牌會利用社會議題作為行銷策略，藉此銷售更多產品。[9]消費者想要的是真實，而非只是形象。這可以解釋，為什麼現在我們可以在很多公司的官網上看到詳細報告，為什麼公司會提供數據來支持公司的聲明，以及為什麼這些趨勢在近幾十年來不減反增，而非只是曇花一現。

不只消費者有更多選擇，員工也是

不只是消費者的選擇大幅增加，員工也是。就像消費者，如果你在找工作，發現只有一個在壞老闆下的工作機會，你還是不得不接受這份工作。但現在，人們的期望和欲望要大得多，而且職場也比以前提供更多選項。有不少學生都告訴我，他們無法想像工作只是一份工作，他們還想要更多，他們想要成就感和目的，而且堅持沒把社會貢獻放在優先考量的公司都應該被拋在後頭，無法留住人才或招募到優秀的人。

這種欲望有一部分來自這麼一個事實：在很多人的生活中，私人生活和工作愈來愈難分割。在以前，下班時間到了，你就會離開辦公室，不管工作的事了，但現在透過遠距工作、智慧型手機和全年無休的文化，工作環境幾乎已經滲透到生活的每一個層面。很多公司提供給員工的福利，使得工作與私人生活的界線更加模糊。科技公司往往會引領潮流，提供內部健身房、免費食物、球隊社團、通勤福利方案、聯誼活動，有些公司甚至會提供員工宿舍。早在十九世紀就有所謂的「公司城」，如普爾曼宮火車車廂製造公司（Pullman Palace Car Company）在伊利諾州的普爾曼提供住房和商店等設施給員工，或是二十世紀初好時巧克力（Hershey）在賓州的好時鎮打造的公司城。提供這種工作／生活混合模式的公司有些對員工很好，有些則很不理想，但即使在美國最強盛的時期，在所有的工作人口中，也只有三%住在公司城。[10]現在，工作和生活界線模糊的人數變得愈來愈多。

全國租車公司（National Car Rental）的一份報告對這樣的趨勢呈現出不讓人意外的數字。六五%的受訪者表示，工作和私人生活要劃清界線是不切實際的想法。受雇者說，他們一周平均有將近四天會在下班後回覆與工作有關的電子郵件，三天會在家接到工作電話，而在辦公室接聽私人電話或處理私事的情況，幾乎也一樣頻繁。此外，商務旅行也演變成所謂的「商務休閒」（bleisure）*，六一%的受訪者說，他們會在商務旅行中增加休閒活動，五〇%的企業主管也會在休閒旅遊時加入商務行程。[11]

這都意味著員工去公司上班時，不能把自己的價值觀留在家裡。員工希望找到做事優先順序與自己優先順序契合的雇主。幸運的是，選擇變多了，員工就能找到這樣的雇主。創業風潮也使愈來愈多的人和資金流向具有顛覆性的新組織。（例如，頂尖學府畢業的ＭＢＡ加入新創公司的比例十年前都在一〇％以下，今天則已經多達四分之一。）從數量的角度來看，（隨著創投業的成長，）更多的資金和融資管道，意味著雇主變多了，特別是成長快速的小型組織，與著名的大公司相比，對進步的新思維更願意採取開放的心態。

除了雇主變多之外，拜科技之賜，雇主的選擇也愈來愈多。全球化、歐洲各國邊境的開放及交通運輸費用的降低，使員工的流動性大大增加；遠距工作使居住地點和工作地點脫鉤；不久前的人還無法想像如何透過網際網路發現工作機會。

線上就業資訊平台Indeed.com每個月的訪問量超過兩億人次，並聲稱二〇一六年在美國所有招募的職缺中，六五％都是透過網路找到的。[12] LinkedIn網站上有超過兩千萬個公開職缺，每個月在美國就有高達三百萬個工作機會。[13]但網際網路不只使得

＊譯注：意指在商務旅行（business trip）中加入私人旅遊行程（leisure）。

找新工作變得容易，還能使人提高工作技能，為很多工作者增加可供選擇的職務。LinkedIn Learning提供軟體、創意和商業技巧的影音課程，擁有一千七百萬名用戶，[14]而且程式設計訓練營（不管是線上課程或實體課程）如雨後春筍般接連成立，教授電腦程式設計等技術技能，估計在二〇一九年就有兩萬三千人畢業，成為新的軟體開發人員。[15]

我不只在學生身上看到流動性和選擇的增加，也在身為創業家的角色中看到這點。我是KKS顧問公司（KKS Advisors）的共同創辦人，這是一家戰略與顧問公司，使命是幫助企業把本書討論的環境、社會與治理因素納入考量後，做出長期的決策。多年來，這個使命讓我們在倫敦、波士頓和雅典的辦事處得以吸引非常優秀的人才。我知道這些人還有很多其他的選擇，包括一些能夠負擔更高薪的大公司，而且因為這些大公司的規模大、合作的公司很多，因此可以提供非常好的機會。

正如本公司的共同創辦人薩奇思・柯桑多尼斯（Sakis Kotsantonis）所言：「我們不可能在每個方面的推銷都很有說服力，但談到抱持著意義和目的工作這點來說，我們認為我們足以和任何公司匹敵。」薩奇思本身的故事就是最佳例證。他從世界頂尖大學倫敦帝國學院（Imperial College London）取得工程學博士之後，沒在他熟悉的科學界研究金屬和燃料電池，他選擇走上工時很長、而且工作非常不穩定的職業生涯。他先在IBM和勤業眾信（Deloitte）工作，之後創立KKS，這是一家懷抱使命的專業服務公司，要將持續發展的理念灌輸到企業。薩奇思這麼做是因為他想要有所貢獻，而且他的熱情帶給我們真正的優勢，使我們得以招募並留下最好的人才。因此，我們的辦事處吸引來自芬蘭、西班牙、法國、德國、義大利、印度和美國的菁英，所有人都搬來這裡，在工作崗位上追求自己的目標，讓他們擁有更大的力量，發揮影響力。

透明度與資訊：B型企業的能見度

會增加這麼多選擇，大抵是因為與公司行為有關的可靠資訊變多了，以及資訊的透明度增加。由非營利的B型實驗室認證的B型企業，在社會和環境方面的表現都達到最高標準。[16]如B型企業網站的解釋：「社會最具挑戰性的問題不能只靠政府和非營利組織來解決。B型企業的社群致力減少不平等、消除貧窮、創造更健康的環境、更強大的社區，並提供更多有尊嚴和目的的好工作。」[17]

在全世界七十四個國家、一百五十個產業，已經有超過三千五百家公司申請B型企業認證。B型企業包括一些規模較小的企業，如在加拿大英屬哥倫比亞省的網路服務公司雷鳥原民科技（Animikii），到跨國食品飲料集團達能（Danone），旗下產品包括達能優格、依雲天然礦泉水、Silk植物奶等，年營收超過兩百九十億美元，員工總數超過十萬人。

群眾募資公司Kickstarter可說是專注在以利他主義為使命的絕佳範例。幾年前，據商業雜誌《快公司》（*Fast Company*）報導，公司創辦人認為公司已經達成財務目標，而且「公司的存在應該基於以下兩個理由：應持續創新和製造產品，以改善藝術家的生活，而且公司應該在企業治理上引領一場新運動。」[18]Kickstarter的營運有多重目標，不只是要獲利，還包括要讓員工及網站使用者過更好的生活。《快公司》在二〇一七年的報導提到，Kickstarter支付給高階主管的薪水「不到一般員工的五倍，相較之下，業界平均是九十五倍」，Kickstarter要比大多數的公司更努力增加多元化，在這樣的情況下，公司雇用的實習生都是來自致力於多元化為使命的非營利組織。[19]

B型企業的理念最初出現時，沒有幾個人認為這種做法會蔚為風潮。如果一家公司公開宣布要努力追求獲利以外的目標，無法想像投資人會支持這樣的公司，後來發現這的確是有可能發生的事。B型實驗室也曾面臨很多阻力，但市場已經準備好了，員工和客戶都渴望獲得實驗室認證，確認公司所做的努力是對的。

B型企業的認證讓一家公司得以發出訊號，讓人知道公司有心致力於ESG議題。這是個重要訊號，很多人都發現這種訊號具有意義，這也就是為何現今這個世界有更多方法來檢測和溝通企業在這方面的行為。過去，我們不可能知道公司在這些議題上的表現，甚至連衡量的指標都沒有，才會讓人無法想像如何要求公司表明任何關於ESG的表現。我們將在第三章深入探討這些指標。這裡要強調的一點是，指標是存在的，透過全球永續性報告協會（Global Reporting Initiative）及永續會計準則委員會（Sustainability Accounting Standards Board）*這樣的組織，指標已經變得非常普遍，這些組織一直在努力提高全球公司揭露ESG資訊的品質。目前已經有幾千家公司報告自家公司在環境、社會與治理方面的數據。二〇一一年，被納入標準普爾五百指數的上市公司中，只有不到二〇%揭露ESG資訊，但到了二〇一九年，已經有將近九〇%的公司都這麼做了。如果你的公司不這麼做，那就意味著有見不得光的事。

這些改變的力量驚人，不僅支持好的行為，也連帶推動相關措施，讓許多公司設法表明自己有心做好事，不會隱瞞問題。在第三章，我們也會探討這種缺少祕密的現象。由於報告的要求增加、媒體的高度關注和社群媒體無所不在，企業再也無法像過去一樣隱瞞汙染、血汗工廠、童工和內部醜聞。然而，就大多數的例子來看，現在甚至不是公司想要試圖隱瞞事情，反之，公司想要分享資訊，自豪的公開資訊，因為公司知道這是客戶、員工和投資人想要看到的東西。

除了B型企業的地位，很多組織採行其他企業形式，以表明對ESG議題的承諾，像是Kickstarter在二〇一五年採行公益企業（Public Benefit Corporation, PBC）的形式，建立起比B型企業地位更高的標準，或是二〇一二年起源於加州的社會目的公司（Social Purpose Corporation, SPC）（還有好幾個州也立法採納）。社會目的公司會提供法律保護給經理人，使他們在進行公司決策時把環境和社會問題納入考量，而且公司必須在章程中說明公司的社會或環境目的。在世界各地有許多類似的公司形式，如義大利的社會福祉公司（Societa Benefit）、英國的社區利益公司（Community Interest Companies），以及加拿大英屬哥倫比亞省的社區貢獻公司（Community Contribution Companies）。

即使一家公司不申請B型企業認證或改變正式的公司結構，還有其他方法可以

* 譯注：全球永續性報告協會是獨立的國際性組織，自一九九七年以來率先發布永續發展報告的揭露架構，以幫助全球企業和政府透過該架構，有效了解重大永續發展問題所面臨的衝擊及解決之道；永續會計準則委員會則是二〇一一年在美國舊金山成立，是快速成長的非營利永續會計準則機構。永續會計準則委員會制定更全面、完整，且質化與量化並行的永續資訊揭露標準，結合ESG各面向的指標，滿足投資人的資訊需求，以利企業全面展現長期績效與價值。

向市場表明自己重視這些議題。首先，他們可以停止每季盈餘預測的做法（與季報不同）。每季盈餘預測倡導短期、關注獲利的思維，而非圍繞社會福祉的長期策略目標。他們可以採用所謂的整合預測架構，把關於ESG議題的前瞻性資訊納入與投資人的定期溝通中，藉此有效對大眾溝通公司的長期目標。他們也可以製作整合報告，像國際整合性報導委員會（International Integrated Reporting Council）建議的報告一樣，而且他們也可以在內部發出資訊，並向可能錄取的員工表明，業績指標和公司的目的要契合。

這些都是比較正式的作法，公司可以發出對ESG議題承諾的訊號。還有一些比較非正式發出訊號的機制。從最基本的層面來看，消費者、員工和投資人只要看看公司網站，就可以知道公司重視的是什麼。不管是小公司或大公司，幾乎隨便挑一家，就可以從公司網站上的敘述，了解公司更為廣大的社會使命和目的，以及他們在這些方面做了哪些努力。比方說，很少人覺得威訊通訊（Verizon）這樣的電信公司是抱持目的在經營的，但這家公司在官網上自豪的承諾，要使這個世界變成一個更好的地方：「我們致力要實現低碳未來……對未來經濟中最脆弱的一群人，我們會努力培養他們的技能，提升他們的能力……我們相信要和鄰居互相扶持，建立社區。」[20]

這樣的語言在過去可能會遭到批評，說公司把注意力從核心業務移開，會浪費股東的潛在獲利。當然，這種話語可能只是空口說白話，標榜目的來為公司洗白（我將在後面討論這點），但是，現在幾乎所有公司都不得不做出這樣的聲明，因為展現公司的正面社會影響力與否，已經關係到公司的生存。

發聲與行動主義：消費者和員工的力量

證據顯示，關心這些議題的消費者和員工不只是想知道公司正在做什麼事，也不只是認為ESG因素本身會影響人們所做的選擇。我們還看到，員工和消費者愈來愈勇於行動。員工一直為自己的權利奮鬥，他們組織工會，尋求集體談判協議，不惜在要求無法達到滿足時進行罷工。然而，一想到罷工者，我們一般會想到組織結構中最底層的人、工廠工人、時薪人員、選擇有限和機會有限的人。但現在的情況不同，要求採取行動的員工不一定是最底層的人，也不只會要求改善自己的工作條件，他們也在乎公司如何對待其他人或這個世界。

二〇一九年，在亞馬遜，超過八千七百名員工連署一封信，要求公司在對抗氣候變遷方面做得更好。[21]這些員工成立一個團體，也就是亞馬遜員工氣候正義組織（Amazon Employees for Climate Justice），並組織一場罷工行動，要求公司公布「氣候宣言」（Climate Pledge），承諾到二〇四〇年實現碳中和。在Google，一場由員工發起的運動正在壯大，這個運動要求公司在幾項道德和環境議題取得進展，他們很多是年薪數十萬美元的員工。《洛杉磯時報》（*Los Angeles Times*）在二〇一九年深入探討科技公司員工的行動主義，論道：「這是一種新型的員工行動主義，參與行動的員工關心的不只是自己的工作條件，還有市值達數十億美元的大公司展現的社會影響力。」[22]

不只是科技公司，二〇一九年，家具公司威菲兒（Wayfair）的員工得知公司販售價值二十萬美元的家具給德州一個非法移民安置站，憤而發動罷工。[23]

還有個例子是製藥巨人默克（Merck）。這家公司了解新一代員工關心的事情，決定努力成為員工可以信賴的公司。執行長肯恩・弗雷澤（Ken Frazier）談到公司研發伊波拉疫苗，在二〇一八年對投資人解釋：「為什麼像默克這樣的公司要研發伊波拉疫苗？基本上，伊波拉疫苗沒有商業市場……接種這款疫苗的人不可能為默克帶來立即的財務價值。但我可以告訴你們，只從我們的員工反應來看，這款疫苗就創造巨大的商業價值。」[24]

「在我們的科學組織中，」弗雷澤繼續說道：「我們的科學家有能力做些事，但我們不可能對他們說，因為沒有看到穩健的商業市場，因此我們就不做了。我認為這是……擁有以目的為導向組織的一部分。」[25]

員工不只在意自己的工作條件，也關心雇主對這個世界的反應，以及針對他們深深關切的議題，公司有何貢獻（或危害）。這不是典型的員工行為，但實際上在某些情況下，這種行為能促使公司改變政策，或是做出不同的選擇，如果我們考量自古以來的企業行為，就會發現此舉真是不同凡響。就員工反抗公司的運動來看，保險巨頭安泰人壽（Aetna）前執行長羅恩・威廉斯（Ron Williams）對《石英財經網》（*Quartz*）說：「我無法想像二十年前會發生這種事。」[26]

公司知道員工有更多選擇，而且期望在工作中實現自己的價值觀。正如《洛杉磯時報》的報導，Google花幾年的時間「勸說（員工）『把整個自我帶到工作中』」，擁抱這樣的行動主義，最後開花結果。[27]

我和Google的經理人談起為什麼他們決定在二〇二〇年發行五十七・五億美元的永續發展債券，他們的答案讓我很驚訝。這種債券募集到的資金將專門用在環境與社會的投資，如節能及可負擔的住房。對Google這樣不怎麼需要錢的公司來說，發行債券的做法特別奇怪。我以為他們會說，發行債券是為了得到更好的交易，藉此降低融資成本。反之，他們解釋說，這麼做是為了員工。員工非常關心永續發展的問題，認為公司應該用公開的方式表示對永續發展的承諾，與公司是否真的需要這筆錢無關。

在消費者方面，我們也可以看到類似的故事。二〇一七年「怒刪Uber運動」（#DeleteUber movement）就是最好的例子。在川普以反恐為由，對伊斯蘭國家公民實行入境禁令時，Uber被控告從計程車司機的罷工中謀利，數十萬名的乘客因此放棄使用Uber。[28]而在公司性騷擾案變得廣為人知之後，更多顧客刪除app，尤其是在Uber前員工蘇珊・法勒（Susan Fowler）寫了一封公開信，揭露公司性騷擾和性別歧視的文化之後，連執行長崔維斯・卡蘭尼克（Travis Kalanick）本人都醜聞纏身，最後不得不宣布辭職。

新聞網站沃克斯媒體（Vox）報導消費者行動主義，論道：「消費者主義意識意味著更多人購買自己認同的品牌產品，而且會抵制不認同的品牌。」[29]年輕人在這種行動主義上起帶頭的作用。（根據一項研究，千禧世代決定在哪裡購物的首要因素是品牌商譽。「三二%的人偏好致力於節能減碳的公司，三〇%的人偏好有做慈善捐贈的公司，二二%的人偏好減少包裝的公司，而二〇%的人偏好願意傾聽大眾意見的公司。」）[30]當然，投入消費者行動主義的不只是年輕人。沃克斯引用康乃爾大學歷史學家羅倫斯・葛立克曼（Lawrence Glickman）的話說，三分之二的消費者每年至少參加過一次產品抵制活動。[31]

價值轉移：從物質資本到人際關係

我們最後要討論的因素是人的概念。在資本市場，人（以及他們對公司的意見）要比過去重要得多。過去，企業的價值大抵取決於物質資本及製造能力：一家成功的企業就是擁有最好的機器、最大的工廠，以最高的效能製造，然後分銷產品。現在，企業成功的驅動力是人，也就是員工的素質，以及你與客戶的關係。

在選擇比較少，資訊不多，也沒有實際的方式可以表達反對意見的時候，公司可以忽略人的因素，但現在再也不行了。權力已經轉移，商業世界也反映這種轉移。現今，推動經濟的力量不是有形的資產，而是無形的資產，包括組織內的人才和技能，以及組織外的社會資本發展。如果你看看世界上最成功的公司，如Google和Facebook，你會發現，他們都受制於人力資本，而且他們了解必須留住這樣的資本。這就是為何Google和Facebook會回應行動主義者員工去做出改變，或是至少承諾會有所改變。這也就是為何沃爾瑪（Walmart）在消費者抗議後宣布，公司將停售槍枝彈

圖2.2 S&P 500公司擁有無形資產與有形資產的比例

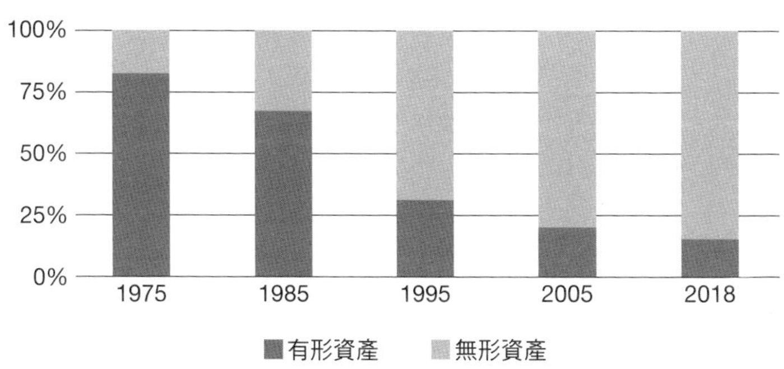

藥。[32]

如果你查看市值（一家公司的股票在市場上的總價值）相對於帳面價值（公司清算所有資產後的總價值），傳統上，一家公司的市值大抵反映公司的帳面價值，包括實體資產、機器、庫存。八〇%的市值與這些實體資產有關。但現在，這個比例已經顛倒。二〇%的市值與帳面價值有關，另外八〇%與無形資產以及經過一段時間累積的人力和社會資本有關（見圖2.2）。Google是市值超過1兆美元的組織，這是因為這家公司創造出來的社會資本、人力資本、員工、忠實用戶及公司開發的智慧財產權，而不是公司擁有的網路伺服器和員工工作的企業園區。

隨時間轉變，員工和客戶漸漸處於主導的地位，這使他們有能力更強力的發聲，也有更大的影響力，按照自己的價值觀和偏好生活，得以發揮真正的力量去追求目的。結果變成以下這種情況：公司現在必須改變作風，而且與公民對社會及環境問題的關心變得更為契合，因為這些公民是他們要雇用和服務的人。事實證明，這對企業來說並不是壞事。其實，正如下面的數據所顯示，至少在以正確的方式受目標驅動上努力，都能獲得回報。

企業目的才是真正的差異化因素

如果一個組織有了目的，終究對事業有好處。然而，不是高階領導人發表慷慨激昂的演講或是在網站上張貼任務宣言就算是懷抱目的。目的不是噱頭詞，不是企業用來「洗白」的工具。目的必須灌輸到整個組織、獎勵措施、薪酬結構、招募過程、客戶體驗等。「目的很難正確實行，」凱若．孔恩（Carol Cone）在為《快公司》撰寫的一

圖2.3　各職位層級對目的的信念程度

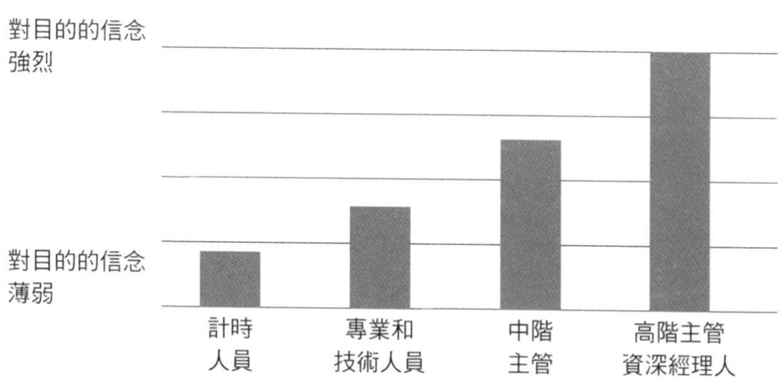

篇文章論道：「而且很容易做錯。愈來愈多公司想要追求目的，但不是每間公司都真的去實踐。」[33] **真正實踐目的**意味著什麼？目的不是公司總部大廳海報或網站上的標語，而是指所有員工都完全明白公司的目的，覺得有動力以符合目的的方式來行事，而且獎勵措施也配合支持這個目的。

我與我的共同作者，華頓商學院的克勞汀・嘉騰柏格（Claudine Gartenberg）和哥倫比亞大學的安德列亞・普雷特（Andrea Prat）發現，在四百多個組織、五十萬名員工的樣本中，愈為資淺的員工，對組織目的的信念就愈薄弱（見圖2.3）。此外，如果員工在工作中找到強烈的意義和目的，而且高階主管對組織目的的了解非常透徹，能清

圖2.4　在工作中存有信念對組織表現的影響

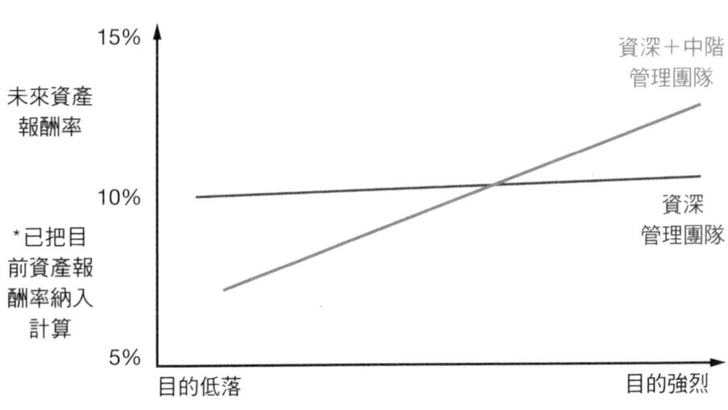

晰的溝通，言行一致，並向下擴散到中階主管，組織的表現也會更好（見圖2.4）。[34]

我們的研究證明中階主管的重要性。這個階層是策略和願景與執行的交會點。高階主管可能提到公司要雇用多樣化的人才，久而久之發展出這些人的職業生涯，不過如果沒把這個任務交付給中階主管，讓他們落實這樣的想法，最後還是無法成功。同樣的，如果一家消費品公司說要提供更健康的產品，若是缺乏適當的財務誘因給中階主管，他們就不會開發、行銷這樣的產品。要是這些主管的績效仍然是根據各季的盈餘目標來評估，沒有給他們預算去產生創新，進而改變產品的配方，或是撥出行銷費用來傳達新資訊給消費者，那麼這個計畫就沒有得到認可的成功機會。

這些都不是微不足道的影響。如果一家公司的中階主管有強烈的目的（在「我覺得自己的工作有特殊意義：這不只是一份工作」、「我對我們在社區的貢獻感到欣喜」、「看到我們的成就，我感到很自豪」，以及「我會驕傲的告訴別人，我在這家公司工作」之類的陳述上自評很高分），以及對目的有清楚的了解（在「管理階層非常清楚組織的發展方向與如何達成」這樣的陳述自評很高分），這樣的公司未來的財務業績與在股市上的表現，每年大約有六至七%的股票溢價。[35]

我和克勞汀．嘉騰柏格所做的研究發現有一點很有意思。針對一千多家上市公司和私有公司一百五十萬名員工所做的抽樣調查，發現企業的目的可能會因為公司的所有權結構不同而有很大的差異。私有公司的員工要比上市公司的員工有著更強烈的目的。[36]電子郵件行銷公司大猩猩電子報（Mailchimp）的共同創辦人班恩．雀斯納特（Ben Chestnut）解釋說：「把東西創造出來，而且看著顧客購買和使用，這會帶來非常大的滿足。有時，我看到一些公司為了投資人創造東西，但是投資人的目的是什麼？只是為了增加自己的財富而已，這並不契合我的使命。」[37]（大猩猩電子報自從二〇〇一年成立以來，一直是一家私有公司。）我們的研究顯示，這樣的承諾是一股由目的驅動的龐大力量。如果企業老闆長期持有所有權，而不是只是一時持有，就比較能發展出強烈的目的。[38]

哥倫比亞大學凡妮莎・博巴諾（Vanessa Burbano）做了進一步的研究，發現企業的社會表現與企業對人才的吸引力成正比：社會表現評等愈高的公司，愈能吸引人才來應徵，也能用較低的薪資來雇用他們，而且這些人也會更努力。[39]對成功最為關鍵的員工來說，這種效應最為強大。高績效員工對涉及社會使命的計畫產生的反應比低績效員工更強烈，而且更願意放棄薪資，為有這種計畫的公司工作。

當然，為你的組織找到合適的人才需要實質的努力。一個良好的招募過程會強調優先考慮個人技能，以及對組織目的有很大的熱情，這是很重要的。根據我這些年來的觀察，如果一個組織成功吸引高績效、以目的驅動的員工，往往會在招募和人員入職的過程中投入大於業界平均以上的資源。公司需要用行動來表明尋找優秀人才的決心，不能光說不做。

總而言之，研究結果明白告訴我們：企業目的對招募和績效都很重要。對這一代的員工和消費者，也就是「影響力世代」來說，能否獲利的部分原因是基於公司在這個世界的行為，以及公司是否允許員工以自己的價值觀生活。

前面提過透明度是員工和消費者了解公司行為方式的一個要素，這點值得擴大討論，特別是在這個社群媒體時代，現在的企業已經不像前一代，難以把醜聞隱藏起來。在下一章，我們會討論目前這個新取向非常重要的一部分，也就是缺少祕密，以及醜聞如何被廣為周知，除非企業注意到自己在這個世界上的行為，否則無法成長茁壯。我們也會探討新出現的指標，這些指標可以用來衡量企業行為，向投資人及大眾公開。

第三章

透明度與當責

如果你在推特上搜尋「企業醜聞」，不管哪一天都會有所發現。在我寫這一章的上午，我搜尋到一篇文章，講述兩家重要的汽車公司在五十年前就知道，汽車的碳排放會帶來氣候變遷的惡果。其他頭條新聞則是關於一家澳洲建商涉及高達十億美元的行賄案，以及一家德國電子支付公司有一筆二十億歐元的鉅款憑空消失，原來這家公司幾乎早在十年前就開始做假帳。如果繼續搜尋，肯定會發現更多。在三十年前，企業可能神不知鬼不覺的昧著良心賺錢，不會被檢舉，當然也不會被報章雜誌揭發。現在，只要上網點擊一下，企業醜聞就可能曝光。即使發生在遙遠的地方，只要有人用手中的 iPhone 拍張照片，在臉書上寫個幾句話，偷偷的拍下一段影片，事件就可能在網路上瘋傳。報紙會轉載，不知不覺消息已經傳遍全世界。如果我知道一件事，而且有夠多的人關心這件事，就有很多方法可以把這件事傳出去，不用花錢，馬上可以做，而且不會有真正的阻礙。

當我想到與企業正在做什麼事的相關資訊愈來愈多，我就想起我與全球永續性報告協會（Global Reporting Initiative，GRI）共同創辦人亞倫．懷特（Allen White）談過的一席話。全球永續性報告協會已經花將近二十五年的時間發展永續報告標準，並在全世界推廣，幫助公司披露他們的社會影響力，並圍繞永續發展的目標去創造一種共同的語言，致力於全球企業的透明度。

全球永續性報告協會是懷特在埃克森瓦爾德茲號（Valdez）油輪漏油事件發生後創立的，希望激發企業負起更多的責任，首先圍繞著環境問題，後來擴展到社會、治理與經濟問題。他的願景是讓所有人對公司行為有更大的發言權。由於財務會計標準的建立，股東和投資人一直有發言權，而且可以得到投資公司的財務資訊。但我們這些局外人卻沒有數據來了解公司正在做什麼，也沒有透視企業行為的窗口。因此，我們無法發表意見。因為我們不知道企業在做什麼，即使一家公司做得要比其他公司來得好，我們也無法表達對這家公司的偏好。如果沒有資訊，就不能做出明智的選擇，而且以這種方法來表達自我的自由也會受到限制。

今天的世界已然不同。在一九九〇年代，耐吉血汗工廠的醜聞鬧得沸沸揚揚。突然間，世人開始關注工廠的工作條件。血汗工廠的黑幕讓人震驚。耐吉的醜聞教人記憶猶新，那是因為在很長一段時間內，只有耐吉的事件攤在陽光底下。現在，每次我們翻開報紙，都會看到類似事件或更糟的醜聞。我在這一章會探討資訊爆炸，以及我們必須做什麼事情才能使資訊變得有意義。我們也會討論衡量指標、基準，還有最終這些新的衡量標準如何重新定義成功對公司的意義，以及如何促成一種良性循環，亦即我們知道得愈多，就會愈關心，良好的行為就愈能對公司的業績產生正面的影響。

紙包不住火

我在課堂上討論富士康員工接連跳樓的事件。富士康的主要生產地在中國，是蘋果、惠普等公司的代工廠。在二〇一〇年幾個月裡，發生十幾起員工跳樓自殺事件。

當時，富士康的勞動條件嚴苛。富士康禁止員工隨意交談，也限制上洗手間的時間，每工作兩小時只能去十分鐘，而且員工每月工時常常是勞動法規定的兩、三倍。然而，富士康的年輕員工（平均年齡二十一歲，有些工人只有十五歲）是沒受過教育的低技術勞工，通常來自比較偏僻的農村，對他們來說，與其他選擇相比，這是夢寐以求的工作。富士康不像其他比較小型的製造商，總是會支付公司承諾發放的工資，給員工住房和膳食補貼，也讓員工可以選擇住免費的公司宿舍（其實，這項「福利」好壞參半，下面會說明）。

在富士康成為公眾關注焦點之前的好幾年，勞動條件已經愈來愈糟。二〇〇七年及二〇〇九年各出現至少兩起自殺事件。其中一起跳樓員工被懷疑搞丟iPhone 4G的原型機。英國記者在二〇〇六年就曾報導，富士康的員工宿舍擁擠髒亂、酷熱的夏天沒有空調可用，因此臭烘烘的，員工都說公司宿舍是「垃圾樓」。[1]

然而，直到二〇一〇年出現一連串員工跳樓事件，資訊才傳遍全世界。那年一月，一個年僅十九歲、名叫馬向前的工人跳樓自殺，由於馬向前的姊姊堅持他是被毆打致死（身上有傷痕和瘀青的證據），特別引發媒體關注。據報導，馬向前弄壞工廠設備，被主管派去掃廁所作為懲罰，但公司反駁說這不是事實。由於在短短幾個月內有愈來愈多的自殺案件，媒體也大幅報導，蘋果公司於是派當時的營運長提姆・庫克（Tim Cook）及兩位自殺防治專家去中國調查。最後，富士康要求員工簽署「不自殺」協議書，並在大樓頂樓周圍加裝防護網，攔住跳樓的人。富士康的股價在二〇一〇年下跌二四%，截至寫作的當下，股價還不到二〇〇七年高峰的四分之一。

現在，由於社群媒體的興起，以及資訊傳播無遠弗屆，像蘋果這樣的公司可以使用機器學習的技術來找出供應鏈的潛在問題，以免日後再出現像富士康發生的悲劇。這類技術可以幫助公司在未來避免類似的聲譽災難。

只有資訊是不夠的

十年後，躍上頭條新聞的不只是像富士康跳樓事件這種突發性的新聞報導。由於資訊的源頭日益廣泛，除了媒體頭條新聞，我們現在還有數據。成千上萬的公司已經針對環境、社會與治理（ESG）的表現提交報告。除了公司自己的報告，研究人員也會有系統的蒐集超越財務數字和傳統指標的數據。

在第四章，我會詳細討論一項「企業因應新冠肺炎大流行」的研究。在這項研究中，我和同事依據情緒分數（sentiment score），把自然語言處理數據運用在全世界數千個新聞來源（總計有十一種語言），以判斷媒體對特定公司的報導是正面或負面。例如，通常和裁員及無薪病假有關的新聞會使公司得到負分，而在新冠肺炎大流行期間注重員工安全的新聞，則會使公司獲得正面報導，因此得到的情緒分數為正值。

這項研究只是數據蒐集新技術的一個例子。我們已經有能力處理幾乎不可能以人工方式大規模蒐集的資訊，如此一來不只擴大可能的數據池，也讓我們得以透視企業的行為方式。儘管如此，資訊，不管是財務資訊、傳聞或情緒分數，能夠幫助你的還是有限。只有從數據披沙揀金得到意義，這種產生資訊的能力才是有用的。舉例來說，如果我告訴你，我的體內有兩百五十億個紅血球，若沒有基準或標準，你要如何解讀這個資訊？一般正常人體內的紅血球有更多，還是較少？這個數目重要嗎？有意義嗎？兩百五十億個紅血球聽起來很多，然而等到我告訴你，一般成年人體內有二十五**兆**個紅血球，這時你就知道體內的紅血球數目只有這個數值的千分之一，這樣的差異非同小可。

報告與透明度

長期以來，我們沒有研究公司在環境或社會影響方面做了什麼事。其實，已經有很長一段時間，光從財務面來看，我們幾乎無法看出發生什麼事。美國的企業財務報表是在二十世紀初創制，一直到二十世紀中葉才強制企業要提交財務報表。我們現在認為銷售、資產等財務數字公諸於世是理所當然的事，但以前就連大公司也不會公開這些數字。有人建議應該建立會計準則來比較各家公司的財務績效，但很多評論家反對這麼做，理由是不可能創造一套方法來計算所有公司的營收或資產，而且這樣的透明度，會使很多公司的競爭力下降。事實證明他們錯了。其實，公司與資本市場的繁榮是由於財務責任機制的建立，因此這種機制是不可或缺的。

一個世紀以來，標準報告已經成熟，不只是單純的資產負債表、損益表、現金流量表，還包括討論與分析、解釋性說明，以及與未來目標相關的資訊。然而，對很多人來說還不夠，特別是公司對會計原則、以及決定在報告中增加或刪減哪些內容，擁有很大的靈活度和自由裁量權。

關於環境、社會與治理因素的報告起初也遭到類似的質疑。有些人認為透明度能使企業的良好行為增加，但是另一些人（包括國際會計準則理事會的主席）則認為，永續發展報告的效果恐怕最後會和高階主管薪酬揭露差不多：偶爾成為頭條新聞，不會帶來任何有意義的改變。

然而，一九八四年美國聯合碳化物公司（Union Carbide）在印度的分公司發生有毒氣體外洩的重大災難（一般稱之為博帕爾事件〔Bhopal disaster〕）*，以及一九八九年埃克森瓦爾德茲號油輪在阿拉斯加發生漏油事件，這類事故引發舉世矚目，潮流也開始轉向。至少，公眾認為企業管理階層忽視健康與安全是這類悲劇發生的原因之一。荷蘭皇家殼牌石油公司（Royal Dutch Shell）一九九五年被指控在奈及利亞侵犯人權。†為了彌補商譽，該公司與其他大公司在一九九八年率先發表企業社會責任報告。雖然其他公司也紛紛跟進，然而如果沒有真正的標準，就有可能出現所謂的「洗白」現象，也就是公司在選擇要報告公司產生什麼影響時，只公布對自己最有利的數據。

* 譯注：這是指美國聯合碳化物公司在印度博帕爾貧民區附近設立的殺蟲劑生產工廠發生異氰酸甲酯洩漏事件，瞬間即有兩千多人死亡，總計造成兩萬多人死亡，五十幾萬人永遠殘廢，是史上最嚴重的工業事故。

† 譯注：四名奈及利亞女性向荷蘭法院提出訴訟，控訴殼牌石油在一九九五年參與奈及利亞政府非法逮捕、監禁及處決她們的丈夫，讓反對殼牌汙染的人士噤聲。

的確，在我們思考透明度是否能激發企業有更好的行為時，很難得出因果關係的結論。行為不良的公司不大可能自曝其短，即使是自願揭露資訊的公司，可能也只會公布自己的版本。我們需要比較和設立基準：企業報告的數據是否合理，我們是否可以對公司進行比較，這是否可以讓我們洞察企業行為是否特別具有意義，而且企業行為是特別好或特別差？

針對這些主題，我們在研究中以兩個面向探索。一是**當責**：資訊的揭露是否能導引出更好的行為？另一個則是**價值相關性**：了解一家公司在環境、社會與治理指標的表現，是否能給我們有用的資訊，讓我們除了財務指標之外，能更了解這家公司？接下來，我們將分別探討這兩個面向。

當責：自願 VS. 強制

在任何一個大都會地區，常收看地方新聞的人必然偶爾會看到餐廳衛生情況不佳的報導，例如在黑夜裡有人從一家已經打烊的速食餐廳窗戶外面拍到老鼠在裡頭亂竄。紐約市衛生局從二〇一〇年起實施餐廳衛生評級制度，要求餐廳把最近一次的衛生檢查結果（A級、B級或C級）貼在窗戶上。[2]這是強制性資訊揭露最好的一個例子。餐廳一定要揭露資訊，也不可能洗白，這意味我們可以提出這麼一個問題：光是資訊揭露就能改善結果嗎？

以這個案例而言，確實可以。比較這種強制揭露評級三年前和三年後的情況，衛生A級餐廳增加三五%（全紐約市沙門氏菌中毒事件每年減少五・三%[3]）。另一項研究顯示，如果把節能資訊告訴用戶，讓用戶可以與鄰居的用量比較，會帶來節能的成效。

反之，健康檢查報告對病人的選擇就沒有明顯的影響。要求揭露有毒物質排放資訊也沒有帶來重大的行動。因此，只要擁有資訊就能改善結果的情況並非總是如此，而且這類型的努力要有明顯的改善，關鍵在於是否能用很低的成本就能造成行為改變。改善廚房衛生不是容易的事，但如果讓餐廳面對另一個選項：把不良的評級結果貼在窗戶上，使顧客掉頭就走，這樣就會激發餐廳去做。改變整個製程來減少排放量需要更多的努力，這就是為什麼光是強制揭露資訊來促成改變是不夠的。

在過去的十年裡，很多國家已經開始強制企業提交各種ESG報告。我和同事從研究中發現，透過這些強制規定，資訊的揭露和透明度都會增加，一些公司在ESG方面的表現也有改善。我們的研究還發現，資訊揭露的規定頒布時，尚未揭露資訊的公司股價會下跌，甚至在任何資訊揭露之前，股價就已經走弱。這是因為投資人預期有好消息的公司早就揭露這樣的資訊，而尚未揭露資訊的公司必然有所隱瞞。因此，雖然這是規定，但那已經是企業本來就打算做的事，沒有不可告人的事必須隱藏。

價值相關性：一個關於意義的問題

在企業提交ESG報告書的早期，研究人員提出一個比較複雜的假設：透明度是否不只會使企業的表現更好，進而激發出當責的結果，還可能提供資訊，使未來財務績效的預測更準確。換言之，財務資訊實際上是一個落後指標。那麼，是否某些永續發展指標較好的公司未來會有更好的績效表現，不只是在永續發展方面表現很好，在整體的財務方面也表現很好？

琴恩．羅傑斯（Jean Rogers）想的正是這個問題，因此在二〇一二年創立永續會計準則委員會。永續會計準則委員會設法制定、推廣適用於個別產業的永續標準，認為與財務績效相關或重大的永續行動會因產業的不同而有差異。舉例來說，隨著文件與客戶服務的數位化，數據隱私問題對商業銀行愈來愈重要。客戶的信任能使商業銀行的營收增加，新的監理法規和潛在法律糾紛也會影響銀行的成本。以農業公司而言，有鑑於乾旱和氣候變遷加劇缺水風險，水資源管理成為關鍵議題，會影響公司的生產和銷售能力。表3.1就顯示不同產業的一些差異。

琴恩參照美國證券交易委員會對「重大性質」（materiality）的定義，希望創造出一個框架來決定每一家公司應該向投資人揭露哪些永續指標。[4]所謂的「重大性質」，正如美國最高法院所言：「未記載事項的揭露，極有可能會改變理性投資人能獲得的資訊總和。」*

二〇一一年初，我和琴恩第一次談到她想要創立永續會計準則委員會時，我認為這是個了不起的想法。為各個產業建立標準可以減少洗白、增加可比較性，並向世界各地的投資人表明，如果某些重大資訊遺漏了，他們應該要求公司揭露這些資訊。我們相信，在這個過程中，投資人才是真正有影響力的人。如果他們真的堅持揭露某些重大資訊，公司將別無選擇，只能配合，否則可能得不到需要的資金。

永續會計準則委員會顛覆傳統規則的做法非常成功。從二〇一二年到二〇一四年，我在永續會計準則委員會的標準委員會幫助建立標準，因而了解改變現況的阻力有多大。監理機關沒能給琴恩和永續會計準則委員會什麼幫助。企業主管也很懷疑投資人是否真的關心永續標準。結果，在標準建立完成後，我們發現投資人真的很關心這件事。數百家公司同意採用我們的標準，包括通用汽車（General Motors）和捷藍航空（JetBlue）這樣的大公司，而且突然間愈來愈多投資人要求每一家公司揭露相關資訊。有了標準之後，我們突然有了有意義的東西，一種可以比較各家公司的方式。從此，再也沒有人找藉口，說永續發展很主觀、不可衡量或不重要了。

ESG因素對財務績效的正面影響

永續會計準則委員會出現時，很多人試圖確定ESG因素的影響，以及做好事是否真的可以轉化為收益。直到我們了解，不同產業可能有不同的重大因素，我們才真的知道要衡量什麼。一旦我們把這些因素區分出來，並研究企業在重大ESG因素的表現是否會影響未來財務績效，我們才發現驚人的結果。環境、社會與治理方面重大措施的改善，顯然可以預測未來的財務績效。

在超過兩千三百家公司的樣本中，與產業相關、重大ESG議題表現較好的一

＊　譯注：聯邦最高法院在一九七六年*TSC Industries, Inc v. Northway, Inc*案的判決中指出，徵求委託書的書面未記載事項是否屬於重大性質，係以「理性股東極可能認為是影響投票決定的重要因素」作為標準。

些公司，年度股票報酬率要比競爭對手多出三%以上，這是很大的差距。同樣重要的是，我們發現，在對產業不重要的ESG議題上表現有所改善的公司，財務績效與競爭者幾無差異。這表示，每一家公司必須深入了解哪些ESG議題會影響自己的競爭力，以及如何把焦點放在能帶來成效的做法上。

其實，不同產業擁有的重大議題都不相同。如表3.1，這張永續會計準則委員會的重要議題地圖（SASB's Materiality Map）把金融業拿來和農產品公司比較。商業銀行需要關注的議題包括客戶數據的隱私、為弱勢民眾提供融資、將環境風險納入借貸條款、以強力反貪瀆措施來避免洗錢和市場操控，但幾乎沒有證據顯示這些議題對農產品公司來說很重要。反之，農產品公司必須考慮的是溫室氣體的直接排放、水資源管理、員工的人身安全，以及氣候變遷為作物帶來的風險和機會。如果要在ESG方面努力取得成果，就得專注在產業的重大議題，否則幾乎等於白費工夫。[5]

二〇一三年，我和牛津大學的羅伯·艾博思（Robert Eccles）寫了一篇引發大家思考的文章，標題為〈金融服務的永續發展並非成為一家綠色金融機構〉

表3.1 永續會計準則委員會的重要議題地圖

面向	重大議題	商業銀行	農產品公司
環境	溫室氣體排放		■
	空氣品質		
	能源管理		■
	水資源及廢水管理		■
	廢棄物及有害物質管理		
	生態影響		
社會資本	人權與社區關係		
	客戶隱私		
	資訊安全	■	
	可取得及可負擔性	■	
	產品品質和安全		■
	客戶權益		
	銷售模式和產品標示		
人力資本	勞工法規		
	員工的健康和安全		
	員工投入的程度、多元性與包容性		
商業模式與創新	產品設計與生命週期管理	■	
	商業模式靈活度		
	供應鏈管理		■
	材料採購與效率		■
	氣候變遷的實質影響		
領導力和治理	商業道德	■	
	競業行為		
	法規與監理架構的管理		
	重大事件的風險管理		
	風險管理系統	■	

（Sustainability in Financial Services Is Not About Being Green）。我們這麼說不是指銀行不該關心環境問題，而是說，很多銀行把焦點放在建築物減少碳排放，以及把傳統的白熾燈泡換成省電燈泡，認為這麼做就是綠色金融了，這種現象讓我們沮喪。雖然這些做法值得讚揚，但對這些企業來說，這方面的努力並不會帶來重大影響，而且老實說，對這個世界的影響一樣微乎其微。對他們來說，更重要的事是把焦點放在融資行為、提供的貸款，以及為了避免下一次金融危機所做的風險管理等決策對環境的影響。

在我們的研究之前，研究人員已經就ＥＳＧ和財務績效的關係探尋四十多年，結果是相互矛盾的。從一九七二年到一九九七年間，關於這個主題的研究報告已經超過一百二十篇，但沒有達成共識。我、羅伯・艾博思及倫敦商學院的尤安尼斯・伊奧安努共同進行一項研究，分析一百八十個組織，發現最早在一九九〇年代致力於ＥＳＧ議題的公司，往後十五年的表現優於競爭對手。但我們不清楚這個結果是否可以套用在更大的樣本上，並顯示哪些投資可能會創造價值。

為了解開這個問題，我們做了進一步的研究，採用永續會計準則委員會的標準來作為指導原則，兩者的關係方向就變得非常明確。如果你想要在未來成功，現在就得做這些事。在我們發布結果後不久，瑞士信貸集團（Credit Suisse）和羅素投資（Russell Investments）也報告類似結果。其他資產管理公司，如洛克菲勒資本管理公司（Rockefeller Capital Management），也在投資組合中發現類似的結果。

在另一項研究中，我們與多倫多大學的喬蒂・葛雷沃（Jody Grewal）和牛津大學的克蕾麗莎・郝普特曼（Clarissa Hauptmann）合作，以一千三百家公司作為研究樣本，研究結果顯示，與ESG重大議題相關資訊的揭露，有助於公司向投資人表明自己與競爭對手的差異及獨特的優勢定位。[6]

這項研究以主觀案例（「當然，你應該善待員工、保護環境、促進多元性、依循道德行事等等」）永遠無法做到的方法，改變人們的觀點。關於做好事，終於有了新的分析方式。永續會計準則委員會的標準，以及由此產生的數據，消除企業主管的抗拒，讓他們願意討論做哪些事有利於更大的社會福祉和世界。現在，投資人堅持要答案，因為這終究會影響他們的回報。

這種效應已經出現在商業世界的每一個角落。不久前，我曾和一家大型化學公司的財務長聊天，確切的說，時間是二〇一九年。他說，在兩年前，沒有投資人問他ESG方面的問題。但現在他告訴我，投資人提出的問題，至少有一半與ESG議題有關。因此，他別無選擇，只能重視這些議題。從透明度到指標、基準、可比較性和重大性，這些轉變最終使人改變決策過程。這種良性循環已經引發一場向上競爭的競賽，激勵公司創新再創新。

影響未來

我在課堂上講述索爾維集團（Solvay）的改變。這家比利時化學公司早在二〇〇八年就開發永續產品組合管理工具，藉此了解每一種產品的運用對環境造成的衝擊。管理階層希望為公司做出更明智的選擇。這個努力使索爾維成為最先把永續管理和財務決策結合起來的公司。索爾維的執行長伊爾涵・卡德麗（Ilham Kadri）發現，從銷售成長率來看，有利於環境的產品勝過對環境會造成傷害的產品，可見永續產品組合管理工具很有價值，可讓公司往好的方向發展。有了這樣的數據，索爾維在二〇二〇年決定更進一步，推動「同一個地球」（One Planet）的全方位永續發展策略，在業界率先把資源消耗降到最低、減少溫室氣體的排放，並成為一家零廢棄物公司。

二〇二一年春天，我請卡德麗來我在哈佛商學院的課堂演講。她說，她認為永續發展凸顯索爾維與其他公司的不同，而且可以拉高公司的本益比。索爾維過去的表現並不突出，但是全心全意投入永續發展可以成為一種成長策略，讓員工釋放工作的所有潛力。永續發展並非只是一個附帶計畫，其實必須完全整合到公司所做的一切。索爾維推行「同一個地球」才一年，這個策略已經出現成效。索爾維也啟動合作夥伴關係，例如讓米其林販售的輪胎能源效率更高，也和雷諾汽車公司（Renault）及提供水資源管理、廢水管理及能源服務的威立雅環保集團（Veolia）合作，回收廢電池中的金屬，使世界走向高效能的循環經濟。

這種全面的整合（永續發展是公司行事的核心，也是我們衡量其作為的核心），就是我在哈佛商學院推動影響力加權會計計畫背後的理念。驅使我去做這件事的動力，和我參與永續會計準則委員會的標準委員會是一樣的。我不想當這場運動的旁觀者。我想要幫忙，促成我想在這個世界看到的變化。影響力加權會計倡議（Impact-Weighted Accounts Initiative, IWAI）就是當責報告的下一步，啟動之後不到幾年已經有很大的進展，使企業的影響力透明度大幅增加。

這個計畫從二〇一八年底開始，那時，我在一場會議遇見創投及影響力投資先驅羅納德．柯恩爵士（Sir Ronald Cohen）。我們都覺得現在有很多指標，很多公司做的報告可圈可點，不過這還不夠。我們認為，如果沒有真正的影響力透明度，公司永遠不會把影響力放在決策的核心，與風險和回報等量齊觀。我們談了一個小時之後，我發覺這條路充滿挑戰，困難重重，但羅納德爵士和平常一樣氣定神閒，轉過身來對我說：「喬治，那我們來做吧。」

正如我在第一章提到，如果我問學生，「在商業界，什麼是成功？」學生多半會回答，成功並非只是今天的獲利。影響力加權會計運動主張，我們必須重新定義這點：就社會整體而言，成功代表什麼，以及獲利實際上意味著什麼？我們必須確保當我們討論一家公司的淨利時，我們思索的不只是這家公司的營收多少，還有這家公司對世界的貢獻，或是從這個世界獲取的價值。

影響力加權會計做的就是這件事。這個做法是將公司所做的一切都換成貨幣衡量，使我們在計算一家公司的盈餘時，把公司對環境的影響、客戶的影響，以及員工的影響等等都納入考量。於是，我們有了把非財務指標轉換為財務指標的工具，確保財務報表看出哪些公司真正賺錢。就像我們不太可能讚揚使用禁藥的運動員，我們也不會讚揚因為汙染環境、血汗壓榨勞工、銷售讓人成癮或危害健康的商品，進而獲利的公司。真正的商業領袖是在創造獲利的同時，也能產生正面影響力的人，這是絕對可以透過公司的影響力加權每股盈餘計算出來的。

如果一家公司的目的只是為了實現短期的最大獲利，用盈餘和其他核心財務指標來判斷績效並沒有問題。問題是，只看財務指標，我們會創造嚴重扭曲的誘因機制。

我們可能會說，我們不希望公司只追求財務表現，然而我們若只是用財務績效來評判，又能期待什麼呢？

影響力加權會計：改變遊戲規則的工具

正如我與影響力加權會計倡議的領導委員會主席羅納德爵士的分析，如果把環境影響納入考量，在二〇一八年有一五％的公司會轉盈為虧。來看航空公司，漢莎航空和美國航空的環境成本各是二十三億美元和四十八億美元，考量這些成本後，兩家航空公司就不賺錢了。對航空、造紙、林產品（forest products）、電力設施、建築材料、容器與包裝等產業來說，會看到至少減少二五％的獲利。

然而，不是所有結果都是負面的。有些公司透過雇用制度或產品，創造出巨大的正面影響。為了說明這項分析的力量，讓我們看看蘋果和Facebook的雇用制度造成的影響、兩家主要輪胎製造商對環境的影響、兩家航空公司的服務產生的影響（見圖

圖3.1 企業對社會的影響占營收的百分比

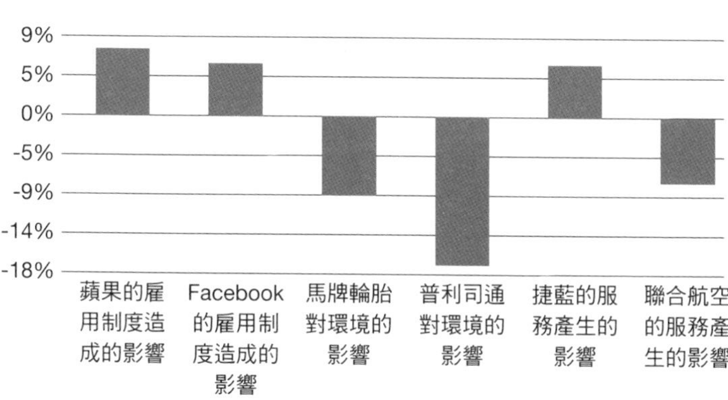

3.1）。你可以看到，同產業的兩家公司有明顯的差異，有時會往相反的方向發展（如航空公司）。

並非每一家公司都會看到自己的營收數字受到這樣的影響，這就是重點。在這樣的分析之下，公司之間出現明顯的差異。真正的影響若能反映在我們強調、鼓勵和想要效法的地方，這樣的公司營收數字會上升得最多。舉例而言，英特爾（Intel）提供優渥薪資與福利給員工，如托兒福利和有薪病假，包括在高失業率地區，因此創造四十五億美元的正面影響。如果英特爾的勞動力多樣化能真正反映當地的人口組成，而且高階管理階層也和低階管理階層一樣多樣化，將能創造更大的價值。公司看到這些實際數字，也了解如何調整做法，讓這些數字變得更好或更糟，就能判斷決策的影響。例如，如果一家公司正在猶豫是否要花更多精力來改善工人的工作條件，就可以利用影響力加權會計來估算這樣的改變最後可能創造多少價值。

有了衡量指標，我們就能構思更偉大的藍圖。試想，政府可以利用影響力加權會計指標，對造成傷害的公司徵稅，或是提供直接經濟誘因給有正面影響的公司。影響力加權會計還能給投資人、消費者和潛在員工終極的比較重點，使他們得以把這些因素納入考量，決定資助哪些公司、從哪些公司購買商品，或是為哪些公司工作。目前，根據分析顯示，在一些產業，我們可以看到環境破壞與股價走低具有明顯的相關性。如果我們無法在一個產業看到同樣的相關性，不是因為沒有重大議題，而是缺乏衡量的方法。透明度，特別是用影響力加權會計這種容易分析的形式，就是讓永續因素在愈來愈多產業變得更加重要的關鍵。影響力加權會計最終將成為改變遊戲規則的工具，使社會與企業相連，也是推動行善的主要分析方法。

影響力加權會計倡議之類的努力，使這種複雜的工具得以普及，即使一家公司不像索爾維有資源可以開發出自己的工具。創建開放取用的方法、數據和工具，能使任何規模的公司都能得到洞見，知道自己的決策如何對世界產生影響，否則他們並無法產生這些洞見。

然而，我們還沒有達到這個目標。我和羅納德爵士在二〇一八年已經開始討論影響力加權會計，當時我不知道這種做法很快就會流行起來。現在，全球已經有超過一百家重要的公司實行類似影響力加權會計的做法，而且愈來愈多公司這麼做。其中一家公司是達能集團（Danone），這是法國食品龍頭公司。達能宣稱是全世界第一家採用所謂「碳調整」每股盈餘指標的公司，藉此幫助投資人了解公司在溫室氣體排放方面的影響。[7]有了這項指標，達能公司就可以在呈現獲利能力時，把公司造成的環境傷害納入計算。這家公司在二〇一五年宣布，他們的目標是在二〇五〇年實現碳中和，這是讓自己朝這個目標負責向前邁進的一步。由於達能是一家目的驅動的公司，在法國，就是所謂的「使命驅動型企業」（Entreprise à Mission），也是家經過認證的

B型企業，因此達能的所作所為都必須顧及消費者的健康和這個地球的利益。

達能的祕書長馬帝亞斯・維舍拉（Mathias Vicherat）告訴CNBC，公司實行這種新措施也與招募到優秀的員工有關，正如我在第二章討論的內容一樣。維舍拉說道：「如果你想要招募商學院或大學畢業的人才，如果你想把好員工留在公司裡，從人力資源的角度來看，一家公司如果擁有好的社會影響力，必然會增加價值。」[8]如前所述，員工可以成為推動影響透明度的主要力量，同時創造更好的商業環境，並獲得社會成果。

接下來的步驟

政府愈早強制企業公布影響力加權會計報告，要求公司和投資人一起為因應氣候變遷、不平等及其他問題而努力，社會就會變得更好。同時，我們每一個人都能發揮一己之力：

- 如果你是公司的領導人，你必須開始衡量並說明公司的影響力加權績效。
- 如果你是員工，可以與高層主管溝通，要求公司展現影響透明度。
- 如果你是投資人，你必須要求投資的公司公布影響透明度，並利用影響力加權數字來評估機會和風險。
- 如果你是政策制定者，你應該努力推動法令，強制企業公布影響力加權會計報告，並基於獲利和影響力來課稅，而且提供誘因。
- 既然每一個人都是消費者，我們應該盡量向帶來正面影響的公司購買產品。

我真的相信這些做法會帶來改變。影響透明度真的可以重塑資本主義。如果企業不再因為追求獲利而製造種種問題，而能為這個世界帶來解決方案，我們就能重新定義成功，而衡量成功的標準就是正面影響，而不只是我們在這一生賺到的錢。

在下一章，我們會開始看到前三章描述的趨勢如何在這個世界開花結果。愈來愈多公司在這個社會扮演吃重的角色，我們在幾年前想像不出這樣的情況。企業已經成為公共財的提供者，而且在政府機構以外、以我們不習慣的方式影響這個世界。如果影響是正面的，我們會看到公司獲得龐大的回報，然而如果影響是負面的，我們會看到企業必須負起更大的責任。好的行為會為社會帶來更多好處，而壞的行為也會帶來更大的代價。第四章會解釋公司的行為及世界的反應。進入第五章之後，我們會發現企業如何利用這些趨勢來為自己帶來優勢。

第四章

企業行為的演化結果

在過去一個世代以來，不管從哪個標準來看，公司規模都變得愈來愈大，也愈來愈有影響力。在二〇一〇年代，全世界五萬多家上市公司的市值總額，有一半來自規模最大的五百家公司。全球五百大公司銷售的產品和服務價值超過二十二兆美元，掌控的資產價值超過一百兆美元，而且每年的資本支出將近一兆五千億美元，研發花費也達到五千億美元。在過去十年的每一年，光是豐田汽車在研發方面的支出就超過一百億美元。全球只有十六個國家的研發預算超過這個數字，但豐田只是一家公司。不管怎麼說，企業的影響力非比尋常。

二〇一五年，我對一群企業主管演講時出示圖4.1，這張圖顯示在全球上市公司

圖4.1　全球500大公司在經濟資源和成果上的占比

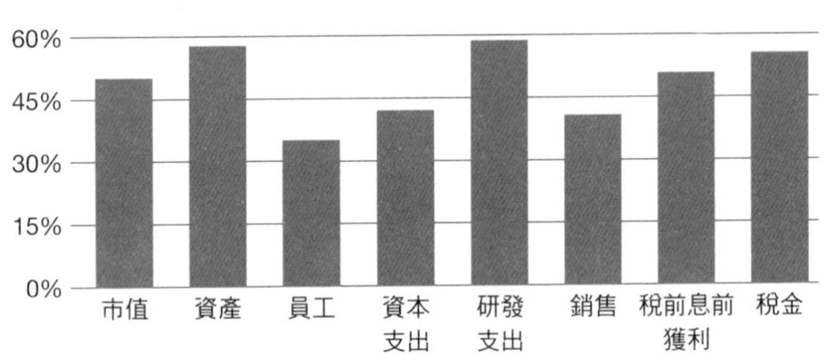

中，前五百大公司的經濟資源和成果占比。我要說明的是，經濟資源和成果集中在少數超大型公司身上，這些公司的影響也以不同的方式受到關注。雖然與會主管大多數是在全球五百大公司工作，不過他們未曾注意市場上的經濟集中程度。

經濟資源和成果日益集中的同時，最嚴重的全球問題已經變得愈來愈複雜，在此僅舉數例，如氣候變遷、空氣汙染、熱帶森林砍伐、水資源匱乏、生物多樣性減少，以及不平等，都需要全球真正的協調合作。我的論點是，企業的力量漸漸凌駕在其他機構之上。因此，現在政府和公民社會出現一股抗衡的力量，要求企業為自己對社會的影響負起更大的責任。這使ESG議題與公司財務息息相關，而公司的

ESG表現也會影響獲利、風險和公司評價。

因應ESG挑戰時企業扮演的角色

從後勤物流的角度來看，面對國家或全球的挑戰時，在世界各地運作的大型企業集團通常比政府更有優勢。如二〇〇五年八月，卡崔娜颶風（Hurricane Katrina）侵襲路易斯安那州（Louisiana），導致一千兩百多人死亡，超過一千兩百五十億美元的損失。當時，不是聯邦政府挺身而出，而是沃爾瑪（Walmart）展現出讓全世界都印象深刻的物流運作能力，在第一時間供給災民所需的食物和衣物。為什麼？因為在很多情況下，企業比政府官僚機構更靈活、更創新，也更有能力。除此之外，企業還能協調跨境行動，比大多數政府單位更能自由跨越城市、州和國家的邊界。

現在，許多公司的規模和能力範圍都能與政府匹敵。拜全球化、管理科學發展之賜，加上通訊科技成長促成大規模的協調合作，在某些重要的層面上，企業已經變成準政府組織，能推動因應氣候變遷、世界飢餓和不平等的計畫，而且經常有辦法取得實際進展。所以，許多企業在沒有法規強制之下，不只著眼於創造收益、削減成本和獲利最大化，反而積極、自願擔負更多責任。

對一些人來說，這種現象足以造成恐懼，尤其想到少數營利機構能有這麼大的力量，更讓人害怕；但對另一些人來說，這一點都不可怕。他們看到的是自由市場的創新力量獲得釋放，認為這是可喜可賀的事。不管你的看法為何，無可否認的是，很多公司的規模龐大，我們也對他們在社會上應該扮演的角色出現新的期望。

根據二〇一九年的一項調查研究，美國服務業勞工只有五八％享有帶薪病假，因此在二〇二〇年春季新冠肺炎全球大流行時，美國企業飽受批評。[1]然而，我們也可以說，在法規基本上沒有要求提供帶薪病假的環境下，五八％的美國服務業勞工還是能享有帶薪病假，應該正面看待這件事。這些公司儘管員工人數占所有服務業勞工的一半以上，仍自願花費巨資提供員工這項優渥的福利，而非出於法規的要求不提供福利。當然，有些公司是在競爭壓力下不得不這麼做，但是，並非所有相互競爭的公司都提供這樣的福利，足以顯示競爭只是其中一個原因，其他因素似乎還涉及管理信念和策略。

當我們認為這項議題應該是批評企業、而不是表揚企業的標準，意味現今我們對企業的期望提升了。我們大抵認為，即使政府沒有要求，企業也應該成為好公民，致力於社會福祉。至少在一些調查結果中可以看出，我們對企業的信任超過對政府的信任。其實，有一項調查顯示，七六％的受訪者表示，執行長應該帶頭變革，而非被動等待政府發號施令。[2]另一方面，民眾對政府的信任反而來到空前的低點。（一九五八年，七三％美國人信任政府，但到了二〇二〇年，比例已經降到只剩二〇％。[3]）

我並不是說我們不需要政府，也不是說企業可以取代政府，或是應該取代政府。政府能做的一部分工作是維持誘因結構，讓企業執行有利於公共利益的事。我們期望坐擁巨額財富、豐富資源和人力資本的大企業，以及具有自己使命和資源的小公司，都能挺身而出努力實現社會目標。令人驚訝的是，基本上很多公司都已經在這麼做。

他們這麼做是因為他們有能力，他們已經培養出相當的規模和影響力，能夠對世界最重大、最複雜的問題產生影響；再者，不管從道德或純粹的財務角度來看，他們這麼做是因為他們應該要這麼做。透過對社會有益的方式擴展自家公司，不但可以在金融市場獲得額外價值，在其他方面也有優勢，例如人才招聘、資本取得，以及對投資人的吸引力等。反之，行為不良的公司也會看到惡果。

行動的影響力

我在第一章談到聯合利華前執行長保羅．波爾曼和聯合利華的故事，以及現任執行長亞倫．喬普的接棒努力。當然，為了永續發展採取廣泛行動的領導人不只有這兩位。賓堡集團（Grupo Bimbo）是世界第一大烘焙食品生產企業，總部設於墨西哥，旗下品牌包括恩滕曼糕點（Entemann's）、阿諾德麵包（Arnold Bread）與莎莉雪藏蛋糕（Sara Lee）等，集團董事長暨執行長丹尼爾．塞爾維耶（Daniel Servitje）不只注重公司產品的營養，也致力於水資源保育、減少碳足跡，以及改善員工的工作條件。塞爾維耶曾說：「我們的永續發展計畫來自我們的企業目的。為了深耕企業目的，我們自問：『我們需要哪些利害關係人一起努力，才能實現目的？』答案是我們的員工、我們的消費者和整個社會。」[4]

這樣的例子在世界各地都看得到。亞德里安・戈爾（Adrian Gore）是發現保險集團（Discovery）的創辦人暨執行長；集團總部位在南非，主要業務是壽險、健康保險和汽車保險服務，企業宗旨就是使客戶過著更健康的生活。這家保險公司利用各種誘因使客戶過得更好，例如保戶只要在超市購買有益健康的食品，就可以獲得二五%的折扣，上健身房也可以獲得回饋金，或是根據汽車上的追蹤器紀錄，藉由保費折抵與加油折扣獎勵安全駕駛。[5]而且員工如果能想出新方法促進客戶的健康，就能獲得獎金。數據證明這些做法確實有效，因為不只醫療費用減少，客戶的預期壽命也延長了。客戶喜歡利用保險公司提供的誘因來省錢。這是一個很棒的商業模式，客戶更健康，代表理賠金給付減少、公司獲利更多。此外，員工也喜歡在這家公司工作，因為他們覺得自己真的會帶來正面的改變。

即使是經常遭受批評的沃爾瑪，過去幾年也改頭換面。除了卡崔娜颶風侵襲後傾注全力救災，他們也努力消除環境足跡（environmental footprint）並改善員工的生活。這一點非常重要，因為沃爾瑪是美國最大的民營企業，員工總數超過一百萬人。這間公司在二〇一五年宣布全面加薪後，股價應聲下跌，執行長董明倫（Doug McMillon）也在全國性電視節目上遭到「拷問」。但他為這項政策辯護，並表示這麼做能提高員工生產力，降低員工流動率，增進顧客的滿意度和忠誠度，因此對公司的長期獲利能力有幫助。[6]一開始，沒有人重視他的言論。畢竟要是公司在員工身上投入更多資源，支出就會增加，獲利也會減少。然而，路遙知馬力，後來這項決策發揮效果。沃爾瑪的銷售額和獲利能力雙雙攀升，與波爾曼及聯合利華在永續經營的路上並肩前進。

企業可以帶頭行動，對全球環境產生真正的影響，他們能做的不只是把破壞降到最低，事實上也能帶來巨大的利益。納圖拉集團（Natura&Co）是一家來自巴西的個人護理產品和化妝品跨國公司，子公司包括美體小鋪（Body Shop）和雅芳（Avon Products），過去二十年在創新方面受到肯定，表現卓越。這個集團聲稱原料來自亞馬遜雨林，持續以環保永續的方式經營，但這不只是行銷術語。[7]多倫多大學的安妮塔・麥格漢（Anita McGahan）和林安卓・龐格魯普（Leandro Pongeluppe）進行一項很有意思的研究，結果顯示納圖拉集團進駐亞馬遜雨林區的幾個自治市，有助於森林地區的保育。[8]麥格漢與龐格魯普利用衛星影像、作物產量資訊和碳密度（carbon density）資料，得以將納圖拉的利害關係人管理策略和森林作物的栽培耕作連結起來，而不是只能透過這些資料觀察皆伐林木（clear cutting）帶來的森林砍伐惡果，而這正是亞馬遜雨林和全世界必須面對的一個大問題。由於這些措施連同其他各種努力，納圖拉在二〇一九年獲頒聯合國全球氣候行動獎章（UN Global Climate Action Award），這是世界上最重要的氣候變遷相關獎項。

採取真正的行動來幫助地球需要發自內心的努力、金錢支出、犧牲，以及把這件事視為第一要務的態度。在危機發生的時候，我們發現有兩種公司之間出現極大的明顯差異，一種是認真考量所有利害關係人並採取行動的公司，另一種則是不願用行動實踐諾言的公司。這正是我們在二〇二〇年初新冠肺炎大流行初期看到的景象。

迎擊新冠肺炎的挑戰

走筆至此，新冠肺炎疫情仍在延燒。當然，各國政府都採取行動，以因應疫情造成的種種緊急狀況，有些行動很有成效，有些則否。但是，令很多觀察家驚訝的是，企業也同樣採取行動。

這一代和前一代人們的反應截然不同。碰上新冠肺炎這樣的危機時，這一代的人真的希望並期待企業做出有效的反應，也很樂於批評、指責袖手旁觀的企業。人們幾乎時時刻刻盯著企業的種種因應措施。這些措施的成效如何，現在還不能斷定，但我們可以研究這些面臨危機的企業，查看他們的動機、分析他們的選擇，並且注意著重永續發展而非短期利益最大化的公司，預測他們將迎來什麼樣的結果。

然而，重要的是，我們必須了解到，即使是檢視這種企業行動，也是受惠於透明度增加的結果。不只正式提供永續報告的企業增加，出於公眾的要求，媒體及其他監督組織也提供相關報導。此外，臉書和推特等社群媒體工具，也讓我們有了來自員工、顧客等知情人士的企業行動草根報導。

前文提到資本正義協會連續三年將微軟評選為美國最有正義的公司。這個協會成立於二〇一三年，是一家合法登記的慈善機構，宗旨是從永續發展及提供給利害關係人的服務來衡量公司，並做出排名。在新冠病毒危機爆發後，這個組織在網站上提出美國前百大公司因應疫情的追蹤報告，並根據十五項措施進行評鑑，評鑑項目包括提供員工獎金或紓困金、社區救濟、高階主管減薪、顧客服務、有薪病假、遠距工作等。[9]我曾在一次活動中與資本正義協會的執行長馬丁・惠特克（Martin Whitaker）談話，他提到企業因應疫情的行為追蹤資料可以讓我們了解到，哪些公司才是真正重視利害關係人，特別是在艱困的時期。

資本正義協會調查的產業範圍很廣。例如，他們發現航太軍火公司諾斯洛普格拉曼（Northrop Grumman，美國員工總數為八萬五千人）完全沒有提出任何因應危機的做法；但是百事公司（美國員工有十一萬四千人）則積極採取行動，提出一套全面的計畫，包括提供員工防疫照顧假、有薪病假、為社區提供四千五百萬美元的救濟金、為全世界高風險家庭提供五千萬份餐點，以及建立全新的遠距工作原則等。

疫情嚴峻時，我們分析的一百家公司幾乎都有幫助員工、消費者和社區，就連營運不太受到影響的產業也提出因應政策。例如威訊通訊承諾，即使客戶無法繳交帳單，也不會切斷網路或有線電視訊號。[10]旗下擁有路易威登（Louis Vuitton）、紀梵希（Givenchy）、迪奧（Dior）等品牌的法國精品集團LVMH，則是動員化妝品生產設備，製造手部消毒液，全數捐贈給法國衛生單位。[11]Zoom則向學校和教育工作者免費提供線上視訊會議軟體，幫助他們進行遠距教學。[12]

前文討論過，以目的為驅動力的公司，如果將永續發展計畫和企業機能結合，最後的表現會勝過競爭對手。但是，這並不一定代表企業可以輕鬆跨步、採取行動。因為首先，企業很難事先知道是什麼因素會對核心業務產生重大的影響，像是哪些措施能帶來紅利，哪些不會。其次，這些措施要花很多錢，財務績效的增加不一定能彌補最初的支出。第三，如果企業在危機爆發後出現虧損，卻還要額外花錢提供這些措施，又要如何支付員工的薪資，甚至想辦法讓公司存活，更何況這些做法還違反企業領導人的每一種本能。

二〇二〇年四月，疫情水深火熱之際，我與我在道富銀行（State Street Associates）的共同作者（我是這間銀行的學術合夥人）史黛西．王（Stacie Wang）、亞歷克斯．奇瑪－福克斯（Alex Cheema-Fox）以及布麗姬特．瑞爾慕托．拉佩拉（Bridget Realmuto LaPerla）發表第一篇關於新冠肺炎全球大流行期間企業韌性與反應的研究報告。[13]我們分析的樣本來自全球三千零七十八家公司，市值總計為五十九兆美元，還利用取自數千個來源的大數據，針對公司與員工、供應商和客戶相關的因應措施進行情感分析（sentiment analysis）。我們發現，把員工和供應商的安全放在首位，而且能針對顧客要求提供相應服務的公司，在進行樣本調查的三十二天期間（而且已經把兩組公司的產業會員資格差異及其他公司特徵納入考量），股價報酬率比同業高出約

圖4.2 危機期間幫助利害關係人的公司股票報酬溢價

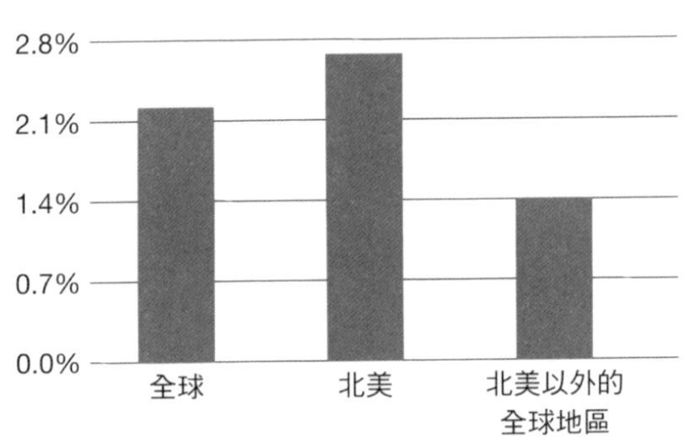

二．二%（見圖4.2）。

這是一個重要發現，顯示企業著眼於公司所有利害關係人來行事確實有益。這也挑戰一些企業主管鼓吹的觀點，他們認為投資人給他們戴上枷鎖，要他們以短期利益為重，別多管閒事。我將在第五章描述，問題的根源往往會追溯到企業的獎勵機制和文化，而非投資人的態度。

然而，如果光看這些數據，就說努力追求永續發展能帶來更強勁的財務績效，因此每一家公司都該竭盡所能去做，實際上是忽略這種案例的細節奧妙。如果一切真的有這麼簡單又顯而易見就好了。不然我們就不會看到，當政府要求民眾不要外出時，不只紐約健身俱樂部（New York Sports Club）

拒絕退費給會員[14]，共享辦公空間WeWork也在疫情期間堅持開放，要求客戶照合約支付費用。[15]

短期財務需求無可避免會壓迫到一些公司，畢竟他們在疫情之下無法承擔重創的後果。不過也有一些公司勇敢接受打擊，冀望善有善報，日後會帶來財務收益。在新冠疫情肆虐的危機之下，我們可以看到非常多企業挺身做好事。這些例子告訴我們，商業界逐漸意識到兼顧目的與獲利非常重要。對這些公司而言，未來的重大議題已經出現轉變。

企業醜聞與領導人的角色

這一章主要說明好的企業行為能帶來好的結果，然而就像紐約健身俱樂部和WeWork採取的做法，企業的所作所為不一定都對社會有益。雖然光看新聞報導會讓人認為，現今的企業醜聞比以往還要多。但我相信，實際上這是因為有更多行為被視為負面醜聞，而且由於企業更加透明，醜聞因此曝光。在我看來，更重要的問題是，企業捲入醜聞風暴時，發生了什麼事。

近年來，最嚴重的企業醜聞莫過於二〇一六年夏天爆發的零售銀行集團富國銀行（Wells Fargo）的舞弊案。這間銀行的員工賣出成千上萬份客戶不需要的金融產品，還在未經授權的情況下開立超過一百萬個帳戶。最後，富國銀行付出巨大的代價，不只遭到政府當局開罰，還得支付民事與刑事賠償金，總計上看三十億美元，而且市值因此縮水兩百億美元。銀行的高階主管損失數百萬美元，不是被解雇，就是被迫辭職。這家銀行累積一百六十年的信譽毀於一旦。

在巴西，雖然納圖拉集團致力於有意義的正面影響，這個國家卻因為巴西國家石油公司（Petrobras）的醜聞而深受衝擊。這起醜聞涉及總額高達五十億美元的賄賂和回扣，建設公司裡外串通浮報建案競價，大幅超額收取費用。他們花大錢買通巴西國家石油公司的員工與政治人物，換得他們三緘其口，而這起勾結貪瀆的情事甚至行之有年。[16]

媒體隨即直指巴西的貪腐文化。《紐約時報》寫道：「在巴西，有錢有勢的人被逮捕時，人民會說：『最後還不是以披薩派對落幕……』暗示巴西的司法體系遭人操持，偏袒權貴。被告也不會入獄，官司總是不了了之。」[17]不過，夜路走多了，總會碰到鬼。這次巴西國家石油公司的執行長遭判處十一年有期徒刑。[18]*

曾經有人以商業的必要之惡來解釋這種事，並漠視這種行為（如銀行對客戶占便宜），但現在已經沒有人接受這種說法。性別歧視、性騷擾、不當對待工廠勞工、過度汙染、破壞環境等眾多類似的問題行為，都會嚴重傷害公司和員工。如果全公司沒有真正、全面的致力於ESG原則，不良行為將無可避免，而且人們要為此付出很大的代價。

* 譯注：被判刑的巴西國家石油公司執行長是艾德米爾．班迪尼（Aldemir Bendine）。共有上百名巴西企業家和政治家受牽連被逮捕或拘留。前總統路易斯．伊納西奧．魯拉．達席爾瓦（Luiz Inácio Lula da Silva）也捲入此案，被控為承包商充當掮客，收受賄賂。二〇二一年九月，巴西聯邦檢察院以貪腐、詐欺與洗錢等罪名，正式起訴魯拉。

十多年來，我一直在研究巴西國家石油公司和富國銀行之類的醜聞，更重要的是，要探究會導致這種行為的環境。允許貪腐，意味著反貪沒有被列為優先事項，如此一來，壞事就會發生。但這並不表示，凡是捲入醜聞的公司，領導人都鼓勵不良行為。我和同事保羅・希利教授（Paul Healy）利用數百個組織的檔案數據及田野調查資料進行研究，最後發現很多人都了解，投入資源建立一個鼓勵依循法規的系統非常重要，而且必須要求員工行事秉持誠信正直的原則。然而，儘管有這樣的認知，他們還是認為贏過競爭對手以及讓投資人留下深刻印象，要比遵守法規和道德標準來得重要，因此這些優先條件就成為員工行為的主要驅動力。

在為獲利服務的過程中，這些領導人對不正當的商業行為睜一隻眼閉一隻眼，就算發現員工有不當行為，也不一定會加以懲罰。如果組織裡其他人注意到這一點，就會有樣學樣。一家工業公司的董事會主席告訴我，不良行為已經變得相當普遍，當他面對做出惡劣行為的人時，他們的反應是：「每一個人都這麼做，我不認為有什麼不對。」遵守法規只是檢查表上用來打勾的方框，而非企業文化的關鍵。

當然，一旦惡劣行為被揪出、公諸於世，後果顯而易見：罰款、聲譽受損、股價重摔。如果你問富國銀行的高階主管，他們是否希望盜用客戶資料私設帳戶的事情不被發現，答案再明確不過。然而，大多數人都認為，撇開道德不談，又不會被抓到的話，只要漠視法律就能創造很大的獲利。但實際情況並非如此。我和希利教授的研究得到一個意外的發現：源於非法行為的交易其實不值得去做，即使你認為不會有不良後果也一樣。

跨國電子製造業巨頭德國西門子公司（Siemens）在二〇〇四年陷入賄賂醜聞，最後支付十六億美元的罰款，這是當時現代企業史上最大的一筆罰款金額。[19]（如今在企業罰金榜登頂的是空中巴士集團〔Airbus〕，在二〇二〇年被罰四十億美元。[20]）西門子賄賂醜聞案爆發後進行的審計工作中發現，賄賂金額龐大到甚至吃掉所有交易的利潤。我們在研究樣本中的四百八十個組織也有類似發現。雖然這些組織的銷售成長高於反貪腐評級更高的同業，不過獲利率比較低。而且，實際上我們還發現，非法交易帶來的銷售成長完全被減少的利潤給抵消了。因此，貪腐沒有任何經濟利益可言

（至少對股東來說是這樣，但是薪酬與地區或部門銷售成長掛鉤的人，確實可以獲得可觀的獎金），而且這還沒計入東窗事發和遭到懲罰的巨大風險。醜聞曝光的風險，以及反貪腐評級太低的後果不容忽視；這些公司未來被媒體揭發醜聞的機率會高出二八％。

不良企業行為 VS. 非法行為

你可能會認為這一章描述的醜聞，像是賄賂、回扣、明確的犯罪活動等，都和我在本書大部分內容中提到、對社會影響一般不在意的狀況無法相提並論。你也許會想，不太關心汙染問題或不給員工有薪病假的公司，與真正違反國際法律的公司，兩者之間確實存在差異。根據傳統慣例，一般而言正是這麼分析。如果某一件事合法，例如汙染程度瀕臨法規限制的邊緣、在完全合法的範圍內支付員工薪資，執行長理所當然可以驕傲的站出來為這樣的行為辯護，表明公司以獲利為重，並且合法的使獲利最大化。

然而，這條界線不再那麼清晰明確。一般的企業不良行為與會形成醜聞的行為，兩者的差異漸漸模糊。其中一項原因在於，有愈來愈多不良行為曝光。比方說，捲入醜聞的公司，在社群媒體興盛之前的供應鏈情況幾乎不為人知。但現在，科技使我們得以大規模監測、蒐集這類事件的數據。

全球ESG數據科學公司RepRisk監測全球超過十六萬五千家公司的供應鏈勞工問題和環境違法行為，提供資訊給投資人和公司，幫助他們保護品牌與聲譽。這不只是與揭露醜聞相關的問題，還涉及轉變為透過道德視角來檢視企業行為是否正當。幾十年前，很多企業都會在供應鏈環節中雇用童工，這個問題可能不會被揪出來，然而即使是最重視獲利的執行長通常也會承認，大家都這麼做，不代表沒問題。儘管童工問題是極端的例子，不過現在還有很多問題幾乎同樣令人憤慨，如環境汙染和性別歧視在社會中愈來愈讓人無法接受。請思考看看「#我也是運動」（#Me Too movement）的狀況。在過去，性騷擾事件總是會被刻意隱藏起來。儘管被害人指證歷歷，謠言四起，危害名聲，公司依然允許造成性騷擾問題的主管繼續任職，有些人甚至還升遷到高層。性別歧視、低薪勞工受到壓榨，或是對氣候造成危害等諸多問題不但沒變成頭條新聞，讓人心寒的是，這些行為甚至不被視為違反商業社群的規範。幾十年來，天主教會無視人們指控神父猥褻兒童，一味包庇神職人員，直到全世界開始注意、關心這個問題，狀況才有所轉變。

即使企業的表現沒有巴西國家石油公司那樣糟糕，也能引發具有殺傷力的醜聞。在ESG方面表現不佳，像是沒有優先考慮ESG議題、沒有表明立場，或是沒有帶頭領導，本身就是醜聞，可能引發巨大的負面影響。

把良好的行為轉化為競爭優勢

我們可以從這些經驗學到一課，那就是即使業界每一個人都這麼做，並不表示你的公司也要跟著做。你可以哀嘆，企業為了秉持良好的行為，反而失去競爭優勢，但是你也可以把良好的行為轉化為競爭優勢，以取得突破性的成功。西方石油公司（Occidental Petroleum）的做法就說明這一點。這間公司在二〇二〇年十一月宣布，將致力於減少溫室氣體排放，而且在二〇四〇年之前實現淨零排放。

對一家石油公司而言，這是個大膽的舉動，但是執行長薇琪．霍洛（Vicki Hollub）展望未來，看到全世界愈來愈關心氣候變遷問題，石油及天然氣產業必然得徹底改變。她認為西方石油公司最後將重新定位，轉型為碳管理公司，而非銷售石油的公司。換句話說，她想要改變能源產業的定義。

西方石油公司提出業務轉向的計畫，這樣的努力可能成功、也可能失敗，也不一定能讓他們遠離醜聞和惡果，又或者最終不過是行銷和公關策略，但這是值得注意的現象，我希望能看到更多這樣的例子。就連菸草製造商菲利普莫里斯（Philip Morris）也在尋求轉型，好為無菸世界做出貢獻！現在，有些產業遭到媒體負面報導的襲擊，連帶聲譽受損，當中具有創新精神的公司就會想辦法切割，表現出他們和其他公司不同，並且採取具體行動來證明自己所言不虛。

為什麼我們應該關心這些問題

有時候會有人問我，他又沒有做錯任何事情，為什麼要關心這些問題？有問題的是公司或組織，但他不是領導人，而且行事正大光明，為什麼要擔心這個問題？很多人，特別是像我學生這樣的年輕人，都相信只要行得正、坐得直，就會沒事。他們把目光放在自己的事業發展上，專心做好份內工作，想必高層貪贓枉法與他們毫無關係吧！

然而，根據研究和軼事證據顯示，這種想法是錯的。富國銀行爆發醜聞後，不只是高階主管受到影響，公司上上下下都受到衝擊，即使是完全清白的員工也受到牽連。

當組織出事的時候，沒有任何人可以置身事外，即使是和事件完全無關的人也一樣。我與哈佛商學院的同事鮑瑞思．葛羅伊斯堡（Boris Groysberg）和西點軍校的艾瑞克．李（Eric Lee）一起進行過研究，調查兩千名曾經更換雇主的經理人。我們發現，如果以前任職的公司爆發過醜聞，經理人的薪資與同儕相比，幾乎少了將近四%。[21]這種薪資差異將持續一段時間。年資愈資深、職務與醜聞的關聯性愈高，受到的影響也愈大（例如在爆發銷售醜聞時擔任行銷經理，或是在會計醜聞期間擔任財務經理）。

進行這項研究時，我和一位曾經在雷曼兄弟（Lehman Brothers）工作的資深主管進行訪談。雷曼兄弟的公司治理出現缺失，風險管理也很糟糕。他證實，高階主管受到的影響要比資淺員工來得嚴重，畢竟高層才是眾矢之的。這位主管並沒有參與相關業務，工作也與這場金融風暴無關，但因為曾經在雷曼兄弟工作，因此受到牽連，很難繼續在金融界工作。這個事件對他的負面影響非常深遠，讓他在找新工作時處處碰壁。

那麼，我們可以做什麼？在被捲入醜聞之前，我們必須好好查看身處的整個組織。我們要把自己當成組織的管理人，盡己所能使組織往正確的方向前進。至少，我們必須了解法律與產業的隱性規範，特別是身在不熟悉的國家工作時更要注意。

未來展望：仍需要取得更多進展

企業要為不良行為付出的代價愈來愈大，而良好行為則能帶來回報；但是，醜聞還是層出不窮，經常出現在新聞上，這代表我們的任務還沒完成。我們只要看看企業面對新冠疫情的不同反應就能證明這點。我的預測是，可以證明自己有能力超越短期利益的公司，最後會在市場上獲得回報。此外，他們因應危機的努力能促使他們用新的方式來思考問題，不只是著眼於應對目前的疫情，還包括處理氣候變遷、員工福利等問題。接下來的大突破甚至可能出現在最黑暗的時刻，因為價值鏈中所有的員工都將發揮他們的聰明才智，發現關鍵挑戰的解決方案。

到目前為止，我已經描繪出趨勢、數據和證據形成的新面貌：企業的行為表現已經有所不同，而社會對企業行為的期望與願望也出現轉變。在本書後半，我將把全部的內容結合起來。我們會檢視，要如何利用目的與獲利的新連結，不管你是領導人、投資人或是員工，都能因此獲益。如果你正在經營一家公司、想要增加資金，或是正在思考自己的職業生涯，你應該怎麼做？

在第五章，我們要研究一些公司的做法，看他們如何利用這些趨勢，採行相關策略，以便在永續發展方面做得更好；在第六章，我們要探討如何以這些策略為基礎來發展，分析機會的六大類型，以便在一個以永續經營為底線的世界中創造價值；在第七章，我們要轉向投資人，以及他們如何匯聚力量，推動企業注意自身行為；最後，在第八章，我們要從自己的生活和職業生涯出發，來看看要如何落實這些理念。

全世界這麼快就理解企業兼顧行善與獲利之間的相關性、重要性和潛在影響，實在讓人吃驚。現在，我們每一個人都該了解如何把這些想法付諸實踐。

第二部

執行

如何落實目的驅動的計畫

第五章
做好事又能獲利的策略路徑

我經常對世界各地的商業領導人講述第一部提到的各種趨勢。過去，他們的反應多半是不相信和懷疑。他們說，利用昂貴的太陽能肯定對環境有好處，但是所有好處總是要付出代價，為了永續議題大膽創新無可避免會對淨利不利。毫無疑問，如果不用考慮其他因素，在ESG方面的所有努力，如支付高於市場行情的工資給員工、減少碳排放、清理工廠、提供有薪病假、改良產品包裝，以及申請有機認證等，都完全值得執行。而且如果可以的話，每一個立意良善的企業領導人當然都會這麼做。只是他們需要權衡利弊，而企業必須生存，因此不可能在每一個方面花錢，也不可能在所有層面成為完美的世界公民。

這是傳統觀點。其實，最終沒能改善整體財務績效的ＥＳＧ策略，還是難逃市場的懲罰。做對的事並不是邁向突破性成功的無敵通行證。不過，很多公司已經證明可以這樣做，而且做得很好，並獲得正面的結果。我們已經看過其中一些案例，如納圖拉、聯合利華、歐特力公司等。還有無數這樣的公司，如發展油電混合車的先驅豐田汽車給自己下的「環境挑戰」戰書，要在二〇五〇年以前達成淨零排放，並且為環境帶來淨正向影響；或者是致力於減少慢性疾病的諾和諾德製藥公司（Novo Nordisk），也在努力消除對環境的衝擊，致力於將供應鏈改為一〇〇％利用再生能源供電。這些公司都是成功的例證，但他們是如何做到的？

從現在開始，我們將研究企業領導人如何兼顧目的與獲利。當然，這總是不容易的事，而且實際上通常相當艱巨。如果要好好執行，企業可能要付出代價，企業的高階主管也一樣，因為這需要長期思維，常常必須犧牲短期利益，還要承擔風險。競爭對手模仿的速度很快，要超越他們、透過永續發展找到真正的競爭優勢是一條未知的路，必須等到有家公司出來指引方向，看起來才會很容易。

如果這件事能像後見之明看來那麼簡單，每一家公司都能帶頭行動。然而，這件事很辛苦，必須精心策劃，而且不保證一定能成功。事實上，由於愈來愈多公司想要永續發展，做對的事，採取聰明的策略行動，最終影響整個產業，也就愈難找到真正持久的競爭優勢，取得有意義的勝利。這個領域還在不斷成長、轉變，衡量標準正在演進，成功要素也會隨著時間而改變。的確有方法可以因應這些問題，為成功做準備，但是在我們探討這些做法對整個組織的影響之前，必須思考對受到最大衝擊的人而言，這代表什麼意思。

個人的挑戰：潛能的浪費

二〇一三年十二月，我去了一趟挪威奧斯陸，針對永續發展的商業實務發表專題演講，並講述這些做法對個人、企業和地球的意義。在那裡，我結識挪威最大的廢棄物處理公司執行長艾瑞克・奧斯蒙森（Erik Osmundsen）。艾瑞克執掌挪威回收集團

（Norsk Gjenvinning）才一年，但是想到自己有機會帶領組織產生巨大改變，他就興奮莫名。透過回收及其他材料處理技術的進步，挪威回收集團能減少碳排放，對環境帶來極大的效益。艾瑞克要啟動一項大型計畫，他對未來的發展很樂觀。然而，這件事並不像艾瑞克一開始想的那樣單純。

我和艾瑞克熟稔之後，目睹他艱辛努力的帶領組織朝永續發展前進，我也看到當領導人真正關心商業道德和腐敗的問題、想要建立循環經濟，會面臨什麼樣的挑戰。艾瑞克擔任挪威回收集團執行長初期，從社會角度來看，公司的行為並不理想，而且實際上整個廢棄物處理產業都是如此。艾瑞克走馬上任不久，就發現一些不當行為，例如有些員工刻意不登記回收場的小額交易，以便中飽私囊，或是把有害廢棄物和無害廢棄物混合在一起，全部當成無害廢棄物處理，藉此減少成本。經過進一步的調查後，他發現這種危害人類健康和社會的做法，在回收業界非常猖獗。

艾瑞克很失望，但也因此決心要改變現況，他向員工發出最後通牒：如果不願遵循永續發展的原則，以最高道德標準行事，就捲鋪蓋走人。結果，很多員工不肯接受，索性遞出辭呈（或是被解雇）。不幸的是，如此一來並沒有解決問題，至少對業務沒有幫助。有些離職員工把客戶帶走，對公司造成極大的衝擊，而且超過六成的部門經理也在兩年內離開公司。艾瑞克沒辦法在短時間內找到人來替補，只得雇用沒有回收產業經驗的人（這可不是容易的事），這樣他才能找到不會對產業陋習習以為常、又能用更好的視角看待問題的員工。

艾瑞克最後決定，要改變現況，最好的辦法就是把問題攤在陽光下，讓媒體傳播出去。結果，他反而引火上身，整個回收業，包括大多數的競爭對手都譴責他、孤立他。艾瑞克的事業目標威脅到組織犯罪的勢力（他們收取費用、將有害廢棄物非法傾倒在低度開發地區），因而收到死亡威脅。他徹夜難眠，擔心妻兒的安全，時時自問：「我應該這樣做嗎？應該由我來做嗎？」

這不是艾瑞克預想的企業轉變。他在二〇一一年春天到訪哈佛商學院時，告訴我的學生，這不是他所期望的生活。他需要雇用保鑣保護他的人身安全，他收到的威脅也讓家人嚇壞了。艾瑞克不斷告訴自己，這是他生命中最重要的一刻，為了使這個世界變得更好，他不得不犧牲。幸好，董事會支持他，而且他有幸生活在有警察保護、透明度高的法治國家。最後，他說服另一家公司支持改革，這樣他就不用孤軍奮戰。儘管如此，這依然是很大的挑戰，對個人而言更是極其艱難，即使你相信數據，立意良善，想要付諸實踐往往很複雜。

艾瑞克的故事是個極端的例子，畢竟並非每個領導人都會收到死亡威脅。但是他的遭遇說明，過去十年間很多領導人想要實施變革時所面臨的各種挑戰，特別是在公司或所處產業還沒準備好要改變的時候，挑戰更是艱鉅。在推動變革的過程中，他們經歷很大的阻力、懷疑、孤立，甚至遭受攻擊。儘管現在已經有堅定的證據，顯示從長遠來看，將ＥＳＧ議題納入策略能使公司具有成功的優勢，但這樣總是不夠。二〇二一年，挪威回收集團的財務績效創下史無前例的佳績，但艾瑞克了解，在他剛走上這條路的時候，並沒有任何事情可以保證。領導人得付出很大的代價，即使成功了，依然得更加努力。天下沒有白吃的午餐。

企業的挑戰：先學爬，再學跑

在過去的這個世代，我們的社會已經有長足的進步。過去，公司在ESG方面幾乎毫無作為，但現在發展得更成熟。然而，實現目標的過程非常緩慢。ESG數據最初進入主流市場時，大抵只是用來判斷一家公司避免受傷的能力，以及行善的意願。這只是向市場發出訊號，表明領導人想要為社會和環境出力，帶來正面的結果，但是沒有具體的做法，也沒有說明企業如何打造策略願景。ESG方面的表現只是展現良好的意圖，沒有著墨在真正的成果。至於一家公司如何在永續發展方面發揮最大的影響力，或許仍然集中在官網的文字，以及精心雕琢的新聞稿。

現在，ESG的意涵已經遠遠超過這些。可以衡量的東西愈來愈多，保持優勢和贏過對手的不二法門就是取得真正的結果，讓ESG議題成為企業的核心，遠遠超越競爭的考量，衡量成果，並且把驚人的結果傳播出去。對任何一家公司而言，要做很好都不是容易的事。

圖5.1　達到永續創新的三個階段

儘管如此，我及同事的研究發現，在目前的環境下，現今的企業確實能從永續發展獲得回報，也就是說，做好事的同時，也可以在財務績效方面拿出好成績。這已經成為事實，不是猜測。公司可以利用明確的路徑和框架來引導決策。

永續創新之道

從某種程度來看，這條路徑很直覺。在你學會跑步之前，必須先學會爬行。公司在達到永續創新的境界之前，必須經歷三個階段（參見圖5.1）。第一個階段是依從，也就是把ESG視為檢查表，在一連串的檢查方框打勾，做到了就能趨吉避凶。這些檢查項目包括簡單的行動、簡單的資訊揭露、事件，以及近乎洗白式的行銷和宣傳，以營造良好形象。過去，做這些就夠了；但今天，這些只是基本的籌碼。沒有這些籌碼，連上場的機會都沒有。

舉例來說，麥當勞不久前宣布，為了回應公眾對塑膠吸管氾濫的憂心，決定英國和愛爾蘭的門市將不再提供塑膠吸管；根據估計，光是在美國，每天使用的吸管就超過五億根，而在世界各地的沙灘，被海浪沖上岸的吸管甚至可能多達八十三億根。差不多同個時間，星巴克也宣布全球分店將逐漸淘汰塑膠吸管。這些行動都很好，然而還是屬於被動的做法，而且可能因為對這些公司來說，這麼做的成本相當低，他們才會採取行動。這不是廣泛策略的一部分，主要還是為了躍上頭條新聞。這就是永續行為發展早期典型的企業活動。這些行動相對零散，很少是由整體戰略的計畫驅動，往往只是員工發起、自願的行為，而且是為了因應來自外界的壓力。

接下來，公司進入效率階段。這時，他們可以發現容易實現的目標，例如減少碳排放或是強化社區關係。他們投入金錢和時間，但這只是重新分配既有資源，挑選有利又想要追求的事，因此取得的競爭優勢都是短暫有效。在這個階段，追求效率變成普遍的做法，因為這對生存來說是必要的，然而光是這麼做並無法出類拔萃。在二十年前，宣布要達成碳中和目標會被視為是革命性的做法；但是如今這只是標準做法。這個階段的行動仍處於核心業務的邊緣，也許公司會針對企業安全或供應鏈建立單獨的部門，或是按地區打造獨立運作的計畫。公司願意這麼做絕對是好消息，但是目前尚未獲得長久的優勢，依然可能不敵競爭。

第三個階段則是要創新，公司才能變得偉大。在這個階段，公司不只是要改變一些行為，例如生產燃油車這類對環境不利的產品時設法提高能源效率；反之，這個階段涉及整個公司的轉型，在這種情況下，也許公司要開發新的核心能力，以生產價格合理、在技術上具有吸引力的電動車。

差異的關鍵：如何實現有意義的創新

如何才能達到這個階段？如何才能找到值得努力和投資的永續創新之道？為了找出答案，我從研究得出一個五項行動框架，可供管理階層參考：

圖5.2 永續創新的行動框架

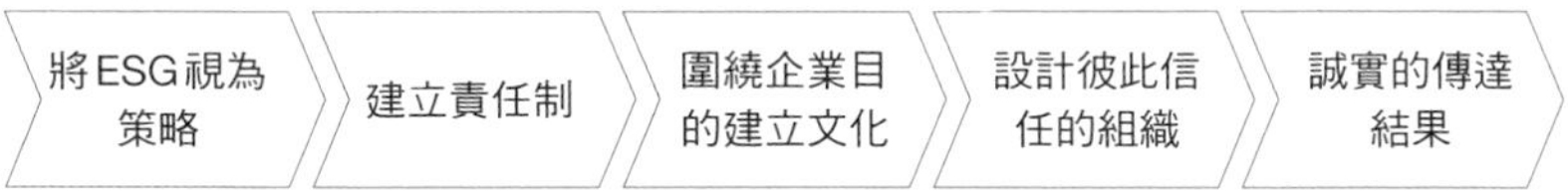

將ESG視為策略	建立責任制	圍繞企業目的建立文化	設計彼此信任的組織	誠實的傳達結果

- 找到並採用最具策略性的ESG做法；
- 打造明智的ESG目標和責任結構；
- 圍繞企業目的建立文化；
- 為了ESG的成功推動正確的營運變革；以及
- 與投資人和世界進行有效溝通。

圖5.2說明這五個步驟。在本章剩餘的篇幅，我們會針對這些步驟逐一討論。

培養策略眼光：凡士林的驚人力量

如果你的產品是一罐歷史將近一百五十年的石油凝膠，也許會以為根本沒有創新的可能性。然而，在不久之前，凡士林

（Vaseline）的領導階層努力尋求方法，要凸顯自家的產品和品牌。他們與醫療專家討論之後，發現這個產品是全世界急救箱的必備物品，尤其是在開發中國家。因為開火煮飯、使用煤油燈等不慎燒燙傷或手部龜裂的人，可以用凡士林急救，緩解疼痛，依舊出門上班上學，不必被困在家裡。這間公司開發出一個分銷策略，幫助數百萬生活在危機或衝突中的人護理皮膚。這就是品牌差異，也是一個明智、能帶來社會影響力的策略。

先前我們已經探討過重大性質的議題，也知道對不同產業來說，衡量標準不盡相同。策略思維就是要預測接下來會發生什麼事；也就是說，要預測什麼東西儘管現在還無人聞問，但可能很快會在世界上受到注目，而且比競爭者（或是永續會計準則委員會）早一步找出重要的產業驅動因子。如果你能找出可以採用的ESG做法，在遭遇外來壓力之前讓它成為業務的核心，就能在ESG方面獲得突破性的成功。

例如，宜家家居（IKEA）已經擺脫廉價家具製造商的傳統定位，產品設計也從消費者用完就丟的消耗品，轉變為製造可重複使用、再生和翻新的家用品。在世界迫使這家公司思考自己產生多少廢棄物之前，宜家家居已經領先潮流，製造可拆卸、容易回歸成原料的模組化商品。此外，宜家家居也開始切入太陽能等新業務。

耐吉為了減少廢棄物，利用再生材料創造出Flyknit鞋款。這款鞋子是用一根紗線製成一體成型的鞋面，不但不會產生廢棄物，製造成本也比傳統鞋款更低，而且品質更好。耐吉在廣告中強調他們利用高強度纖維，創造出更輕、更透氣，而且更有支撐力的鞋子。Flyknit鞋款就是永續理念驅動的創新產品，到目前為止，銷售額已經超過十億美元。

這樣的例子不勝枚舉。總部設於美國的賽萊默公司（Xylem）製造以感測器驅動的軟體，來檢測供水管道的洩漏處，改善供水系統的效率，同時也開闢全新的業務。丹麥航運公司馬士基（Maersk）為了減少燃料消耗，重新設計船舶。醫材廠商必帝公司（Becton, Dickinson and Company）發明更安全的注射針筒，以避免愛滋病的傳播。中電集團（原名中華電力公司）也踏入替代能源領域。美國大型連鎖藥局CVS則是力求要與競爭者不同，因此不但宣布停售香菸，甚至轉向經營健康照護領域，在藥局內設立診所。

找到運用策略的機會實現創新，並且從永續發展指標看到改善，就是成功的關鍵，但這只是第一塊拼圖。

建立目標與責任結構

你也許立意良善，甚至策略也正確無誤，但事實是，大多數的策略行動無法落實，即使已經開始進行，也不一定能夠好好執行，因此有時候仍然會失敗。在我的研究中，我發現這需要來自兩方面的力量，包括由上而下和由下而上的兩股力量，一起推動組織，使行動發揮作用，並堅持下去。

我所說的由上而下，是指組織高層真正扛起責任。承諾必須從董事會開始，然後擴散到整個公司。在大多數公司中，董事會不參與ESG行動，這是問題所在。其實，與ESG的高評價最密切相關的一項特徵，就是董事會的參與。在大多數組

圖5.3 領導特質的差異

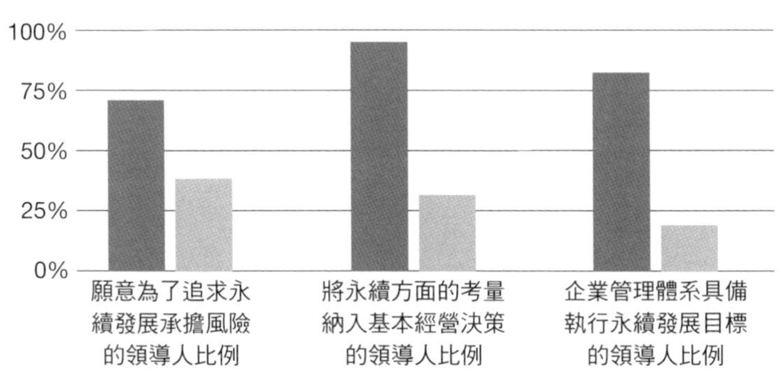

織中，董事會就是終極治理工具，可以讓最高階的管理階層負起責任。我們還發現，公司治理是否重視永續議題，也是左右成功的關鍵。舉例來說，法國巴黎銀行集團（BNP Paribas）的董事會成員是永續金融的領導者，因此這個集團在永續發展方面的努力獲得認可。

我們的研究還顯示，從很多方面來看，致力於永續發展的公司領導人，與同行的領導人有明顯差異（見圖5.3），在是否願意為了永續發展承擔風險，以及在營運上施行變革上的差異特別明顯。

另一個似乎有效、又有許多公司嘗試過的做法是，讓高階主管的薪酬與永續發展的結果掛鉤。微軟就是其中一例；他們的執行長薪酬與打造多元職場的結果有關，像是執行長薩帝亞・納德拉六分之一的獎金（二〇一九年為一千零八十萬美元），就和達成多元化目標的成果息息相關。在科技產業，職場多元化是關鍵議題，這才能確保產品與服務反映所有族群的需求，從微軟的決定可以看出這間公司的董事會對多元化的注重與承諾。能源產業有許多主要的汙染元凶，例如澳洲必和必拓礦業公司（BHP）和荷蘭皇家殼牌石油公司，他們的高階主管薪酬也已經和碳排放量掛鉤，執行長二〇%至二五%的獎金與減碳成績有關。

儘管上述計畫就像低垂的果子般容易取得，金錢誘因確實可以產生立竿見影的效果。但是，對於更基本的永續發展計畫，由於需要巨額投資或嶄新的營運架構，動機的作用則是完全不同。這一點很有意思，或許和我們預期的相反。為了落實最終能帶來長期影響的創新計畫，設定有挑戰性的目標，以及懷抱超越空談的雄心壯志，可能是在組織上下激發能量最有力的方式。

二〇一二年，我寫了一篇與陶氏化學公司（Dow）有關的文章。陶氏是在全球各地享有盛名的尖端材料（advanced material）生產商。這家公司提出「零事故願景」（Vision of Zero），他們的目標不只是減少事故，而是要完全消除工安事故。他們不知道要怎麼做，然而試想如果這個目標能激發所有工程師及第一線管理人員的集體智慧，那有多好。最後，他們實現這個目標，在十年內預防可能發生的一萬三千起傷害事故，當然工廠的生產力跟著提高，也改善企業文化。

我與多倫多大學的喬蒂・葛雷沃（Jody Grewal）及影響力加權會計倡議的大衛・弗萊柏（David Freiberg）分析八百多個與氣候變遷有關的企業目標之後，發現大目標比小目標更容易實現。[1]如果目標遠大，就得投入更多資金，啟動更重大的營運變革，需要更多的創新，也得負擔更大的責任。設定艱難的目標要比容易達成的願望更有可能實現。在這種情況之下，金錢誘因會帶來負面的作用，追求偉大的夢想反而可以獲得回報。

這可能與文化有關。在商業組織中，文化是一種強大的力量。這是一種由下而上的思維，與由上而下的命令並行。野心勃勃的目標，能在組織上下激發有雄心壯志的員工，讓大家都知道結果的重要性。我們現在相信，如果目標難以實現，成就與薪酬掛鉤的壓力將會抵消正面效應。你需要的是來自組織裡每一個階層的承諾；你不需要恐懼。動力，也就是願意創新和改革，非常重要。這就是下一塊拼圖。

圍繞企業目的建立文化

燈泡領先品牌飛利浦（Philips）在二〇一八年將照明部門拆分出來，命名為昕諾飛（Signify）。然而近年來，這間公司已經把焦點從壽命有限的燈泡轉移到照明的永續服務，推出互動式的ＬＥＤ照明系統、感測器網絡，以及家庭、辦公室，甚至溫室的智慧照明。目前，公司八二．五％的營收來自有利永續發展的產品、系統和服務，而且超過公司設定二〇二〇年要達成八〇％的目標。

這種企業目的上的改變，從提供會產生廢棄物的產品，到銷售有利於永續發展的服務，可以激勵員工（由下而上的思考！），創造以永續發展為核心的企業文化。當組織高層以下的人都無法意識到真正的承諾，或是缺乏實現目標所需的方向，策略行動必然會失敗。

我想起有一次一家跨國服裝公司請我去他們的總部，好讓我深入了解他們的永續策略。當我與這間公司的高階主管交談時，他們的承諾和熱情讓我感動。隔天，我拜訪負責採購的中階主管以及在公司門市服務的基層員工，結果卻看到完全不同的景象。一位員工告訴我：「上面的人總是誇誇其談。但在這裡，只有一個目的：把庫存賣光光，賣給顧客的是用最低成本採購來的東西，但不一定是顧客需要的東西。」

這是一個鮮明的例子，足以說明企業目的至關重要，不管是在組織的哪一個階層，找到正確的目的，以及兼顧可行的ESG策略，就可以成為產生影響的關鍵部分。像是健康照護公司諾和諾德，就把他們所做的一切都建立起價值框架，並且平衡財務、社會與經濟方面的考量。釀酒公司安海斯布希英博集團（Anheuser-Busch InBev）則是由上而下將具備永續發展考量的目標灌輸給員工，他們相信，讓每一個員工都能深切體認公司的目標，更有可能實現目標。安泰保險集團的執行長也推出員工健康計畫，以展現公司的目的同樣注重健康，而非只是獲利掛帥。前面我們也提過，微軟專注在企業目的上，因此促成公司轉型。

推動重要的營運變革：透過設計建立互信

策略目標、從高層開始負起責任，以及圍繞企業目的建立由上而下的文化，這些條件不一定足以達成任務。因此，第四塊拼圖是營運。一家永續企業的結構需要將永續發展的精神注入自己所做的每一件事。

我在好幾個組織都看到有一種思維方式正在推動這種特質，也就是Airbnb創辦人所說的「透過設計建立互信」（Designing for Trust）。這個使命讓這間公司在二〇二〇年上市，市值超過一千億美元。根據共同創辦人喬・傑比亞（Joe Gebbia）的說法，Airbnb能夠存在，不只是因為提供住宿，而是打造信任文化，滲透到公司營運的每一個層面。旅客信任屋主，才會願意住在他們的家裡。屋主也得信任旅客，才會願意讓他們入住自己的家。雙方都必須相信Airbnb是安全的後盾，會出面調解糾紛，處理所有問題。如果沒有把這個原則完全嵌入組織之中，那麼向全世界宣布驚人的商業模式，也就是收取陌生人的錢，讓他們住進自己家裡，聽起來就會覺得很荒謬。

Uber的模式也是借鏡這樣的想法。在深夜與陌生人同車……如果沒有慎重選擇促成的信任，根本辦不到這件事。這些公司不是把安全問題視為次要的業務，而是在產品發展的每一個階段、在公司的每個層面，從執行長開始，都做出非常明確的決定。這已然嵌入公司的ＤＮＡ裡。

雖然Airbnb和Uber不一定被視為永續發展的領導者，但他們對信任的看法，使他們得以創造出全新的商業模式來利用我們的房屋和汽車。信任是永續發展的核心價值。信任使公司實施新的策略，同時獲得成果。信任帶來更多永續發展的能力，而永續發展的能力愈強，就能帶來更多的信任。信任使公司得以施行新的策略，並獲得成果。信任能帶來更多永續發展的能力，如此一來必然能帶來更多的信任。

值得注意的是，Airbnb和Uber不是在組織中改造舊的經營方式。他們從零開

圖5.4　營運變革在不同階段的改變

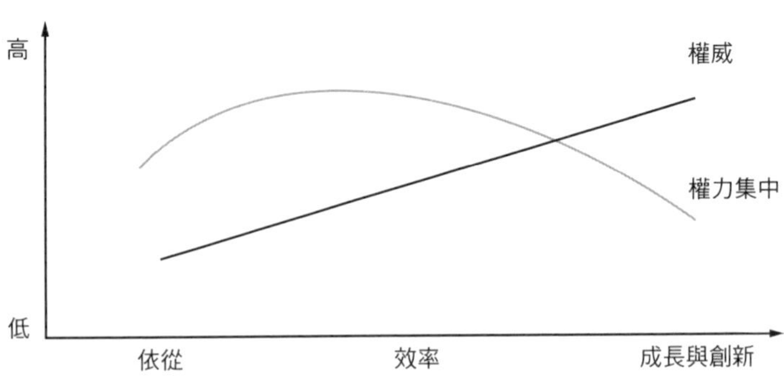

始，更能把顧客的滿意度和價值注入他們做的每一件事。對系統和商業模式已經上軌道的老牌公司而言，發動營運變革是不同的過程。我的研究顯示，正如一家公司要先學會爬，然後才會跑，轉向注重正面影響的營運結構，看起來並不像是突然發生全面變化，反而比較像是逐漸演變（參見圖5.4）。

正如各位所見，這條路徑從永續發展權威的建立與成長開始。一般來說，公司指定某一個人負責ESG方面的工作，有時是永續長（chief sustainability officer, CSO），然而通常一開始是由階層較低的主管來負責，像是永續發展經理。於是，他們開始協調永續發展工作，從發展較不完整或相對邊緣的地方開始，分散在組織各處，由有興趣或動機追求特定目標的員工驅動，執行長很少參與。最初負責永續發展的員工往往背景各異、沒有什麼權力。但通常他們已經有參與ESG工作的經驗，也或許這就是他們先前擔任的角色。而這些人就是推動組織進入下一個階段的擁護者。

一旦確立永續發展目標，負責人就可以開始鞏固權力、協調行動。他們通常會從減少浪費、提高資源效率開始做起，讓愈來愈多內部利害關係人參與行動，爭取更多人支持。隨著行動開展，這些支持將非常有用。國家地理（National Geographic）是世界上最大的教育及科學非營利組織之一，他們的永續長漢斯．韋格納（Hans Wegner）描述說，雖然國家地理雜誌報導氣候及其他社會議題，但作為一個組織，他們沒有承擔責任去幫助地球（參見我與同事進行的研究）。於是，韋格納獲得執行長同意，提出一個全新的永續願景，致力於零廢棄物、碳中和與改善員工健康的目標。他證明這些做法對業務有利，引導組織進入永續發展的下一個階段。

我在課堂上講述過捷藍航空的案例。這家航空公司成立於一九九八年，使命是「把人性化的服務帶回航空旅行」。二〇一一年，捷藍發現自己可以在永續發展上做得更多，也看到公司在回收等方面進度落後。他們每年會扔掉一億個罐子，完全沒有建立機上用品回收計畫。捷藍於是聘請蘇菲亞．孟德松（Sophia Mendelsohn）擔任永續部門負責人。孟德松與公司各部門主管合作，包括投資人關係小組，以便了解公司現況。她先啟動一些小型計畫小試身手，像是減少清洗引擎的用水量、推行無紙化機艙等，透過快速取得進展讓公司上下看到成果，以爭取他們的支持。

接下來，她開始展現雄心壯志，把公司的核心業務與永續發展目標綁在一起，簽署航空史上最大一筆協議，透過長期合約採購再生航空燃料（與傳統航空燃料相比，這次的採購成本頗具競爭力）。此舉不但減少碳排放，也能應對航空燃油價格的波動性，而燃油成本正是航空公司最大的支出。

像孟德松這樣把永續發展納入更遠大的目標，公司就可以進入永續創新的最後階段。至此，公司將權力集中在永續長身上已經有一段時間，現在必須將權力下放、分散到整個組織。公司必須先費心建立永續部門、讓單一領導人協調行動，並且賦予他們權力來推動計畫，最後卻要拆解這樣的結構，把責任交給各個部門，交出決策權。

或許這種做法違反直覺，然而，如果仔細想想，就會發現這麼做還是有道理。如果你想開發一種更環保的產品，就需要產品開發人員執行願景，而不是由永續發展部門來做。如果你想改善整個供應鏈的工作條件，那就需要每一個在這個供應鏈工作的人都關注這個議題，而非由不在現場的外部部門來干涉。

很多公司為此大費心思，也是為何有意義的創新如此困難。分散或下放權力對很多公司來說是最棘手的挑戰，例如財務主管不一定會思考ＥＳＧ議題，而研發主管或許不會優先考慮地球的需求。每一個部門的負責人都有自己的盤算、專業知識和各自的任務清單。把ＥＳＧ議題放在清單首位，代表不只是負責思考這些議題的人要這樣做，而是所有人都必須思考公司內一切的問題，這可是艱巨的任務，而且與文化和信任的理念息息相關。在信任度很低的環境中，授權讓人去做重要決策並不可行；在一個暗箭四射、爾虞我詐的企業文化裡，這也同樣不可行。只有當有意義的企業目的擴散到整個組織，才能順利推動權力下放。當企業打造出模仿障礙，讓其他公司難以複製，真正的競爭優勢才會由此而生。能做好這點，一家公司就能變得偉大。

與投資人及全世界溝通重要資訊

永續創新的最後一環是溝通。事實上，有些永續發展帶來的好處需要許多年的累積。轉型變革需要好幾年、甚至幾十年的努力才能看出結果。這是個挑戰，尤其是在一個偏好短期報告和季報公布的環境中。致力於培養永續發展組織的執行長必須抗拒短視近利的做法，相信組織必然能隨著時間成長繁榮興盛。要達成這個目標，最簡單的方法也是最直接的方法，那就是必須言明長期目標。我的研究顯示，儘管很多公司對「季報式資本主義」（quarterly capitalism）憂心忡忡，卻很少表明長期目標。他們需要讓投資人確實了解他們的長期思維，以及選擇投資永續發展的原因。

公司能影響由誰來投資，以及投資人要什麼，也能塑造討論，並吸引長期投資人。英國生物科技公司夏爾（Shire）正是因此深深吸引武田藥廠，讓他們在二〇一九年併購這家公司。夏爾把ESG議題納入公司策略和報告中，並發現偏好長期持股的法人增加持股，最後他們持有的股份超過不愛長期思維、快進快出的投資人。

公司需要與投資人建立關係和信任，但很多組織在這方面做得不好。他們只傳達幾個大概的想法，認為這樣就夠了，其實不然。他們該做的不是斷斷續續、零碎的揭露資訊，而是要持續對話、不斷開發想法，以及完成一套完整、透明的報告。如果你要顛覆既有的市場，像是製造電動車的特斯拉，或是生產牛奶替代品的歐特力公司，就必然會碰到亂流、失敗或是需要比預期更多的時間。你得解釋為什麼你要採取這種與眾不同的做法，以及為什麼這些做法最終會帶來競爭優勢，這樣做對於獲得投資人（媒體、顧客和員工）的贊同與支持至關重要。

前面已經介紹過許多溝通工具，從採用永續會計準則委員會的標準，到溝通重大議題，以及納入報告和影響力加權會計，還有公司可以傳遞各種訊號，來展現他們對這些問題的承諾。當然，資訊揭露必須一致、完整，不能只是選擇性的只強調好的一面，刻意隱瞞不好的一面，也不能讓人無法判斷自家公司與其他公司的差異。資訊揭露的要點是展現事情有所進展，同時也是為了進行有效的比較。

捷藍航空的蘇菲亞．孟德松對自己在全公司施行的做法充滿信心之後，隨即增加永續報告，自願遵循永續會計準則委員會的準則，並利用對航空業具有重大性的議題來推動進一步變革。捷藍是第一家在飛機上安裝鯊鰭小翼（機翼末梢上翹的弧形設計，又稱翼尖小翼）的航空公司，以增進燃油效率，減少在環境中留下的碳足跡。她也在燃油方面力求轉變，改用再生航空燃料，並改善員工培訓和認同方案。捷藍也是第一家承諾進行氣候變遷相關財務揭露的航空公司。在短短幾年之內，這家航空透過努力和溝通，出現脫胎換骨般的改變。

我一直與企業目的執行長聯盟（Chief Executives for Corporate Purpose, CECP）*合作，幫助這個組織的執行長研擬策略，向外界溝通企業的長期計畫，說明他們如何把ESG議題納入公司。在短短兩年內，已經有來自UPS、IBM、安泰保險集團等四十多位大型企業的領導人利用這個框架，向管理超過二十五兆美元資產的投資人說明，為何這些策略從長期來看具有競爭力，能為社會創造巨大的價值。最後，這不只是公布數據，而是透過各種可能的管道積極傳播資訊。企業目的執行長聯盟提供的測量和報告工具只是起點，資訊還必須滲透到公司所做的一切事情當中。

在最好的情況下，公司可以改變企業地位。成為B型企業或共益企業（benefit corporation）可以向投資人、顧客、員工及其他利害關係人傳遞強而有力的訊息，告訴他們公司非常重視這些議題，以及這些議題也是在背後推動企業決策的力量。生機農場（Vital Farms）是一家注重道德的雞蛋和奶油生產商，也是完成永續發展五步驟的例子。這家公司的目的再明確過不過，顯現在他們做的每一件事。他們將「我們的任務是把符合生產倫理的食物帶到餐桌上」這樣的宣言，以及對動物福利、員工、顧客、氣候變遷和世界的承諾，都醒目的放在公司網站上。生機農場二〇〇九年成立於德州，在二〇一七年成為一家共益企業，合作對象是分散在全美國各地的兩百個家庭農場。他們也在網站上聲明：「我們飼養的每一隻母雞都是人道雞。我們的每一顆雞蛋都是牧場飼養雞蛋。我們不斷提升自家公司（及產業）的標準，履行創辦人麥特・

*譯注：企業目的執行長聯盟是由全球五百大企業執行長所組成的全球組織，旨在結合執行長的力量，達成永續向善的目標。

歐海耶（Matt O'Hayer）的承諾，重視道德更甚獲利。」[2]二〇二〇年我曾和麥特出席同一場活動。他告訴我：「我們的產品不只是對社會更好，也更美味。顧客非常喜愛。」這種組合就是成功的公式。在短短幾年之內，生機農場已經從一個小農場變成市值超過十億美元的大公司。

即使是最小型的公司也能優先考慮這些議題，在許多方向上讓溝通成為策略的基本要素。波拉與巴洛（Burlap&Barrel）是一家只有三名全職員工的共益企業，公司的使命是向全世界消費者提供單一產地的烹飪香料，如肉桂、肉豆蔻、辣椒等。大多數香料的供應鏈都很長，而且很複雜，這些來自多個國家、許多農家的香料最後會被混合在一起，好壞參雜，從一個倉庫運送到另一個倉庫，有時可能經過二十個站點，香料也變得愈來愈老，最後才在雜貨鋪或超市上架。但是，波拉與巴洛把供應鏈縮得很短，直接和合作的小農合作，把新鮮採摘的香料直接送到客戶手中。由於少了中間商，這家香料公司可以支付一般收購價格二到十倍的金額給合作的小農，客戶也能買到品質更好、無雜質的產品，而且香料價格和在雜貨店購買的價格差不多。

波拉與巴洛每年都會公布一份社會影響報告，描述他們如何幫助世界各地的小農。他們讓種植香料植物的小農得到更多收入，並且與他們合作承擔供應鏈的更多環節（如清洗、分類、烘乾和準備出口）。波拉與巴洛也讓小農有更多自主權，可以決定種植什麼植物以及如何栽種。他們分享一位小農的故事：唐・阿米卡爾・裴瑞拉（Don Amilcar Pereira）本來是採摘小豆蔻的小農，與波拉與巴洛合作之後，已經成為瓜地馬拉唯一垂直整合小豆蔻生產的農場主人。他不但自己種植、烘乾香料，也自己運送和包裝，而且他不但是個農夫，也是熱心扶助當地社區的企業家。

這不只是一個關於社會影響力的故事。波拉與巴洛的共同創辦人歐里・卓哈爾（Ori Zohar）表示：「社會影響力是額外的收穫，更重要的是讓這樣的影響力產生連結，使顧客得以取得風味更棒的香料。」[3]這家公司的故事特別有趣的一點是，社會使命改變他們與顧客、農民溝通的方式，以及他們透過溝通，使產品變得更好。

卓哈爾說：「農民通常不知道誰在使用他們的香料，也不知道他們是怎麼使用香料，但這對於他們種植的香料可能有很大的影響。因此，我們提供這方面所需的資訊，讓他們栽種出更美味的產品。」[4]他解釋說，在商品市場，香料通常是依照色澤和大小分級，但這兩項跟味道沒有多大的關係。唐・阿米卡爾・裴瑞拉本來賣的是顆粒較大的綠色小豆蔻莢，因為市場只要這種小豆蔻。他與波拉與巴洛建立起直接的夥伴關係後，他們發現另一種更香醇的小豆蔻，它的色澤偏黃、有果香和花香，而且比較甜。儘管大多數的商業買家對這種小豆蔻沒興趣，不過對顧客來說，這種香料卻更吸引人。

裴瑞拉還推薦波拉與巴洛收購另一種作物，也就是在中東地區很受歡迎、但在美國不常見的乾燥黑萊姆。隨著地中海和中東料理愈來愈流行，乾燥黑萊姆大受消費者歡迎，成為波拉與巴洛前五大最暢銷的香料。要不是波拉與巴洛跟農夫直接建立夥伴關係，就不知道他們的夥伴在種植這種香料，顧客也就會錯過，裴瑞拉也將少掉一個重要的收入來源。由社會使命而生的溝通策略，最後在許多方面促成業務的發展。

做得好就會得到獎賞

討論完永續創新的五個步驟後，我們又要回來看數字：在金融市場上，已經走上永續發展之路的公司每年股票報酬率比競爭對手多三%。這並不容易，但是透過共同努力，把策略、責任、文化、營運焦點和有效溝通結合起來，不管大企業或是小公司都能獲益，成為業界的領導者，為世界服務。

在下一章，我們會探討公司如何著眼於大局來思考怎麼採取行動。多出來的那三%是怎麼來的？公司又是如何獲得成果的？換句話說，永續發展如何帶來成功？我已經找出企業可以用來取得成功的六種機會原型，而這正是接下來要說明的內容。

第六章
機會的原型：公司如何抓住價值

我在書中分享不同公司的故事，各位也許會從中發現一些共同的主題，像是公司改變既有的商業模式；公司推出全新的業務；公司改變內部流程，以配合不斷演進的社會期待和規範等。這些不是隨機散亂的做法，反而可以組織起來成為一幅地圖，向企業領導人及投資人說明公司可以透過各種方法發現機會，達成共識、獲致成功。

在這一章，我要說明我如何看待這些做法，解釋我所建立的六種原型。這些代表公司透過做好事來抓住大多數價值（即使不是全部）的方法。在我看來，成功的公司可以追求下面六種機會來獲得成功：

1. **新模型與／或新市場**：透過環保或具有社會責任的產品與計畫來增加營收，這麼做通常是針對新市場，因為這些新做法最終得以讓企業確立在市場上的代表性。
2. **業務轉型**：讓偏離企業目的與獲利的既有業務進行轉型，變成不同類型的產品或服務，以兼顧企業目的與獲利。
3. **單一業務調整**：從新的環境或社會考量發展出新的模式，並以這個模式為基礎，啟動全新的業務。
4. **替代品**：從環境或社會的角度來看，公司既有的產品因為具有突出的特點而優於競爭對手。
5. **營運效率**：減少公司的環境足跡、提高員工生產力或其他類似結果的ＥＳＧ核心措施，能為公司節省成本，進而提高資本報酬率。
6. **看見價值**：在業界跟隨ＥＳＧ領導人前進，利用這些領導人獲得的肯定來增加市場評價乘數（market valuation multiple）*。

這六種做法的失敗風險，以及對現狀的潛在破壞程度不盡相同。前三種提升價值的潛力特別大，但是會伴隨明顯的風險。後三種比較不可能帶來突破性的結果，但是可以透過風險比較小的方法顯著提升價值。請參見圖6.1的說明，圖中 y 軸代表創造價值的潛力，而 x 軸代表執行的風險。

在圖中，可以看到六種原型。有底色陰影的那幾項原型主要是與新進者和創業活動有關（儘管在某些情況之下，我們也能看到老牌公司創造新市場或開發／收購單一業務公司）。有虛線框的原型則代表知名企業和老牌公司的機會。其餘兩個原型代表知名企業和新公司都能利用的機會原型。

無庸置疑，就創造價值的潛力和執行風險而言，這六種原型都有差異。例如，一家單一業務公司進行調整時，價值創造的潛力和風險都比其他公司還要高，高到創造的價值潛力比業務轉型更多。換句話說，這些原型可以在價值創造和執行風險方面相

＊　譯注：市場評價乘數是評估企業相對評價的方法，可用來比較不同公司和產業之間的獲利能力。

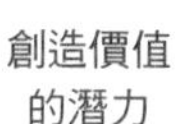
圖6.1　六種機會的潛力與風險

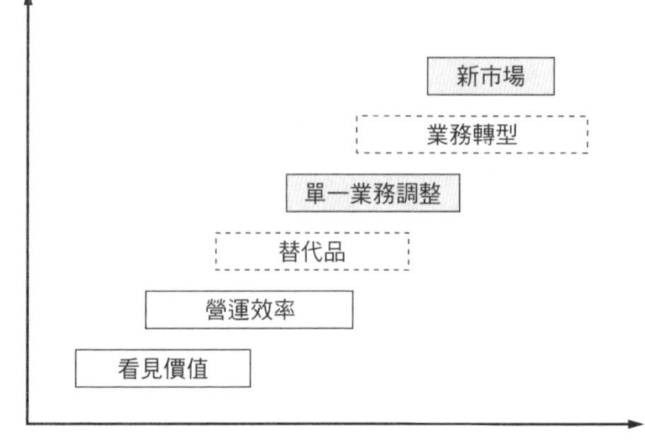

互融合。

接下來，我們要看每一種機會原型的案例研究，從案例找出這些原型在真實世界中如何發揮作用，以及各位能如何利用每一種原型。

新模型／新市場：看見未來

如果企業的使命能契合社會趨勢，帶來新的客戶市場，那麼價值不一定得來自企業的每一個元素。這種機會原型指的是，在環境和社會方面表現得極其突出，產品或服務也完全體現這樣的優勢，並且推動公司成長。

服裝公司不一定要致力於社會目標，但是戶外服飾品牌巴塔哥尼亞（Patagonia）卻擔起責任，承諾要保護環境。汽車產業因為汙染和對環境造成負面影響惹人詬病，但是汽車製造商特斯拉則用零排放的電動車來吸引新客群。眼鏡零售商沃比帕克（Warby Parker）儘管處於幾個世代以來缺乏創新的產業，卻透過捐贈眼鏡給資源不足地區的人們，並且將這些行動視為關鍵的業務，以發揮眼鏡的社會公益作用。

以沃比帕克的例子而言，永續發展對眼鏡公司來說沒有急迫性（雖然幫助人們改善視力的確是大好事），但是這間公司決定讓社會使命驅動獲利。這種做法讓關注這些議題的人深受吸引。沃比帕克也在過程中發現新市場，打響公司名聲，並成為全球的知名品牌。這間公司每賣出一副眼鏡，就會捐出一副眼鏡給有需要的人，但在他們看來，這不是在做慈善。共同創辦人暨共同執行長大衛．吉博亞（Dave Gilboa）告訴《富比士》雜誌：「我們相信，長遠來看，我們對社會使命的投資將會帶來高得驚人的投資報酬率。」[1]

對沃比帕克來說，這不只是捐贈，還包括更深入的參與。這個計畫以許多種方式推動公司的進展。例如，他們派遣很多員工與非營利組織的夥伴一起分送眼鏡，員工就可以親眼看到公司在開發中國家當地社區產生的影響。吉博亞深信，公司的社會使命是競爭力的差異化因素，使沃比帕克在員工和顧客的心中產生共鳴，就像第二章探討的企業目的與消費者及員工願望達成一致的趨勢。隨著整體社會的態度轉變，上述公益行動就是沃比帕克等公司培養消費者忠誠度、吸引粉絲的祕訣。

我已經在前面討論過聯合利華這家公司對健康品牌和產品的承諾，他們也是屬於這種原型的一個例子，由企業的某個要素驅動目的與獲利並行，然後利用這一點脫穎而出，成為市場領導者。

業務轉型：把精力投入永續變革

面對環境或社會問題時，很多公司覺得被迫要完全翻轉業務。不幸的是，正如我的哈佛商學院同事蕾貝卡・韓德森教授（Professor Rebecca Henderson）深入剖析，這種企業轉型很少成功。想想柯達（Kodak）想要從類比底片轉換到數位攝影，或是諾基亞（Nokia）要從行動電話進入智慧型手機市場的努力。最近，我們看到許多老牌汽車製造商在努力適應，想要從燃油車轉換到電動車，從銷售汽車轉為提供交通行動服務。

當公司企圖進行全面轉型時，會碰上許多障礙，諸如新的基礎設施要求、重新培訓員工的困難、文化問題、組織惰性，或是原來讓公司成功的競爭優勢無法轉移等。但對少數轉型成功的企業來說，就能獲得極大的好處。

如果你看到芬蘭納斯特公司（Neste）的影片，畫面中鬱鬱蔥蔥、清新明淨的田野和海景，風車在湛藍天空下轉動，你也許想不到，這家公司在不久之前還是一家煉油和石油行銷公司。二〇〇八年，如果你在德國東北部，會看到丹麥丹能集團（DONG Energy）努力在這裡開發一座巨大的燃煤發電廠，而你絕對想不到，十多年後，這家公司已經完全轉型，變成全球離岸風電霸主，還改名為沃旭能源（Ørsted），業務內容也煥然一新。

納斯特和沃旭都體認到，能源的未來必須是潔淨的。納斯特已經成為全世界最大的再生柴油和航空燃油的生產商，並努力在二〇三五年之前實現碳中和，專注在重複利用碳的創新與循環解決方案。這間公司二〇二一年在企業騎士（Corporate Knights）「全球百強永續發展企業」年度評比中拿下全球第四名，已經連續四年進入前四名。[2]

這份二〇二一年榜單上的第二名，以及二〇二〇年榜單的第一名則是丹麥的沃旭能源。二〇〇九年，沃旭的前身丹能集團有八五%的熱能和電能都來自煤炭。就在那一年，他們設下目標，要在二〇四〇年讓比例反轉，也就是要讓八五%的能源都來自再生資源。結果，他們以驚人的速度提早二十一年達成目標，在二〇一九年宣布八六%的能源都來自再生能源。現在，沃旭能源已經是全球最大的離岸風電供應商。

對沃旭能源來說，這個重要的轉變來自他們在德國興建燃煤電廠的計畫遭遇抗拒而失敗。沃旭能源的離岸業務執行長馬汀・諾柏（Martin Neubert）在二〇二〇年告訴麥肯錫公司（McKinsey & Company）：「這是第一個明確的訊號，告訴我們世界已經開始轉向。」[3]

諾柏解釋說：「我們討論未來要在哪些領域成長。我們要找到已經達到關鍵多數（critical mass）、具備所需能力，以及可以脫穎而出的領域。顯然，答案就是風力發電，因為在二〇〇六年合併成丹能集團的六家公司當中，有三家已經轉往風電發展。」[4]

於是，他們把業務轉向風力發電，成立一個超過五十人的團隊，進行再生能源計畫，並努力克服內部壓力，維持業績成長。諾柏說，員工認為他們是世界上最棒的煤炭公司，不想改變。然而，後來美國天然氣價格下跌，獲利下滑，突然間，風電轉型變得比較容易讓人接受。

沃旭能源現在已經脫離石油和天然氣業務，將在二〇二三年退出煤炭事業，並且計畫在二〇二五年之前達成碳中和的目標，同時也在尋找更多實現永續發展的方式。諾柏說：「對沃旭的策略來說，把目光放在新的視野和尋找新的業務領域就是關鍵。」[5]

與此同時，沃旭能源的轉型也為投資人帶來豐厚的報酬。在二〇二一年三月之前的五年裡，這間公司的股票上漲三〇〇%以上，而這段時間大多數能源股票的收益是負的。而且納斯特的股價漲幅甚至將近四〇〇%。這些都是大勝利。

很多新冒出來的機會都屬於這一類，像是老牌企業建立新的策略願景，並且與真正的能力結合，把產品和服務轉向全新、有助於環境及社會的成長領域。這種原型也許帶來的風險最大，但也讓企業最有機會獲致成功。

單一業務調整：征服新疆界

也許你不是要從原有的業務切換到新領域，不過，業務的調整可能使你進入全新的領域，以一種以前想不到的模式運作。庫堤渥（Cultivo）是一家墨西哥金融科技公司，開發出一套精密的人工智慧技術，用來分析衛星圖像，找出荒瘠的農田。

庫堤渥的創辦人曼紐爾・皮努耶拉（Manuel Piñuela）是電機工程博士，這間公司能找出可以改善的耕地，只要利用更好的耕作方法，例如土壤再生，就能大幅提高產量。再生的土壤碳吸收力提高，庫堤渥就能出售碳抵換（carbon offset）給其他公司來抵銷碳足跡。這些交易獲得的現金大部分都回到小農的口袋，他們不但會從庫堤渥的投資受益，土地也變得更有生產力，創造出全新的碳抵換收入來源。對農民、庫堤渥和地球來說，可以說是三贏的局面。

曼紐爾告訴我，在未來五年間，庫堤渥的目標是準備十億美元資助森林、草原、濕地和推動再生農業等相關的各種計畫，以復育至少三百五十萬公頃的土地。這是一個遠大的目標，也是一個巨大的機會空間。全球目前有將近七億人為極端貧窮所困，其中有很多人是小農。為他們創造新的收入來源，就能提供驚人的改變，減少貧窮、改善數百萬家庭的生活。

此外，為了避免氣候變遷帶來最可怕的後果，全球居民必須在本世紀中葉達成淨零排放的目標。這表示我們需要負排放的解決方案，也就是說，從空氣中吸走的碳量要比我們生產的碳量更多。我們可以利用科技方法達成目標，像是碳捕集和碳封存，或是利用以自然為基礎的解決方案，如森林保育及恢復土壤的吸收能力。很多公司都在嘗試科技創新，而庫堤渥則是透過科技去輔助以自然為基礎的創新。曼紐爾認為，以自然為基礎的解決方案可能有助於在二〇三〇年之前減少三〇%的碳排放，但是就分配給碳捕集的資金，他只獲得約三%的配額。庫堤渥的任務就是要補足資金缺口，讓更多投資湧入復育自然、保護生計，並且讓投資人獲得合理的報酬。正如庫堤渥在墨西哥北部，把來自草原計畫的碳抵換賣給墨西哥國際航空（Aeroméxico），讓投資人得到豐厚的報酬。

在類似領域的另一個例子是AppHarvest，這家共益企業宣稱，他們將農民和未來學家連結起來。AppHarvest的技術讓室內農場得以用更少的資源生產更多的作物，像是用水量減少九〇%，也不使用化學農藥，產量卻是傳統農業的三十倍，一年十二個月都可以生產作物，因此每個月都有收入。儘管這家公司創立沒幾年，卻已經在二〇二一年上市，市值超過十億美元。

要創立和持續經營這樣的公司需要堅持不懈，有時為了保有初心、忠於使命，甚至必須犧牲一些經濟利益。他們如果不把使命放在心上，核心競爭優勢就會遭到破壞，品牌和產品之間也無法建立真正的連結。同時，「單一業務」的結構也使他們得以聚焦，不必擔心業務目標不一致產生的阻礙。

替代品：這是可以做到的事

有時，你不必改變產品或是業務，因為在轉向關懷環境和社會時，有些產品的屬性會變得比較不吸引人。但是，這並不代表什麼都不必做。在機會出現時，努力創新以配合環境或社會趨勢非常重要。創立於一八八〇年的波爾公司（Ball Corporation）原先是一家玻璃製造公司，多年來，產品愈來愈多樣化，現在已經是全球最大的可回收鋁製飲料罐製造商。（波爾的家用罐裝容器是消費者最熟悉的產品，特別是他們的玻璃罐，不過實際上波爾在一九九三年已經出售這部分的業務，還授權買家使用他們的商標。）鋁製飲料罐在一九六〇年代已經存在，市場需求量時增時減。到了一九九〇年代，愈來愈多無酒精飲料使用塑膠瓶裝，而精釀啤酒廠則多使用玻璃瓶，於是鋁製飲料罐的需求減緩。[6]然而，後來社會意識到塑膠汙染的問題，鋁製飲料罐重新受到歡迎。

拋棄式的塑膠瓶要四百年才能分解，每年傾倒在海洋的塑膠垃圾多達八百萬噸（相當於全球海岸線每一英尺就有五袋塑膠垃圾。）[7]魚類、海鳥等動物可能會被塑膠垃圾勒斃，或是因為誤食塑膠而損害健康。棄置在水中的塑膠垃圾會脆化、裂解，成為無法打撈或清除的塑膠微粒。近期，當大眾得知這些資訊後，開始拒用塑膠，再度偏好鋁罐，因為鋁罐可以一再回收，而且成本很低。（雖然開採鋁土礦的作業碳密集度很高，但如果一家公司能創造鋁回收的循環模式，大抵而言，這還是友善環境的做法。）

這些轉變使波爾等公司的產業回春。現在，七〇％新上市的飲料採用鋁罐，特別是碳酸飲料和硬性蘇打水（Hard Seltzer）的市場不斷增加；在幾年前，新上市的飲料只有三〇％採用鋁罐包裝。於是，就算核心產品沒有變化，波爾公司突然變成ＥＳＧ先行者。

儘管如此，要在現今被視為有社會責任感的企業，只是靠好運使業務轉型根本不夠。二〇一一年，麻州大學阿默斯特分校（University of Massachusetts Amherst）政治經濟研究所公布「百大汙染企業」，波爾公司就在這張名單上。[8]從那時開始，這間公司就以前所未有的方式致力於永續發展。波爾公司已經成為第一個以科學為基礎制定排放目標的瓶罐製造商，承諾在二〇三〇年之前減少五五%的碳排放量，[9]並且預計最晚在二〇二二年將一〇〇%採用再生能源。《富比士》也將這間公司列為美國最佳多元化公司的第一名。二〇二〇年，一位基金投資組合經理告訴我，任何永續基金都「必須持有」波爾公司的股票。

當然，波爾公司並非隨波逐流般的放棄塑膠瓶業務，而是投資在真正的創新上，使瓶罐更輕、更有利於回收，而且可以重新密封，對消費者更加友善。因此，在二〇二一年三月之前的五年內，波爾公司的股票上漲一四〇%以上（相較之下，被納入標準普爾五百指數的上市公司在同期僅上漲八八%）。

如果你能找到一種方法來凸顯產品的永續特徵，並且使公司往永續發展的方向前進，從波爾的故事可以知道，你能夠真正轉型，成為ESG的先行者。很多公司都屬於這個類別，他們的產品因為契合新的環境和社會議題，而能取代別家公司的產品。他們能夠策略性的運用這種轉變，增加營收並擴展業務。

營運效率：驅動價值

這種原型也許不像其他原型那麼令人興奮，但卻為大多數的企業提供更廣泛適用的解決方案。如果你能找到更有效率的營運方法，特別是新的效率能夠吻合目前的環境和社會轉變，那就不一定得徹底改變。現在，成千上萬的公司已經從全世界最大的尖端材料公司二十年前的教訓學到：在環境和社會方面的努力不但可以省錢，也能提升組織的效率和生產力。

先前，我曾提到化工材料巨頭陶氏公司的做法。陶氏讓我印象深刻的是，他們努力朝向非常重要和有意義的環境、安全與健康目標，同時大幅提升效率，尤其是他們的產業背負沉重的歷史包袱，汙染和工安事件頻傳。[10]

為了實現這些目標，他們在一九九六年至二〇〇五年間投資十億美元，而這筆投資產生的總價值卻高出五倍以上。他們不只避免一萬三千人起工安事故，也減少一萬零五百起在生產過程中可能發生的滲漏、破裂和溢出事件。這間公司產生的固體廢棄物減少高達十六億磅（相當於在四百一十五座足球場堆滿一公尺高的廢棄物）；用水量減少一千八百三十億磅（相當於十七萬個美國家庭一年的用水總量）；而消耗的能源也減少九百兆英制熱單位（British thermal unit, BTU），相當於八百萬個美國家庭一年的能源使用量。

一直到今天，他們仍然不斷提升效率。陶氏提出要在二〇一五年至二〇二五年間達成一系列的新目標，而且截至二〇二〇年為止，他們已經節省五億美元。舉例來說，陶氏在巴西開挖新的鹽水井時造成堤岸不穩定、安全有疑慮，但他們沒有重新開挖，也沒有採用傳統的鐵筋和混凝土結構，而是使用當地的石頭和加強植被來穩固堤岸。陶氏因此建造出一道「活牆」，與其他方法相比，這種做法更省錢，碳排放也降低九〇％，並減少對當地森林的衝擊。

陶氏並沒有徹底進行業務轉型，而是改變使命、設定目標，不斷改進，以提升效率，經年累月下來，增加數十億美元的價值。

看見價值：比市場早一步

最後一個原型與透過跟社會及環境接軌來創造價值的公司相關，而且這樣的價值尚未反映在公司市值上，但這些隱藏價值對投資人來說尤其重要。如果你能搶先在別人之前看見這些公司的價值，一旦更多人發現這些公司的企業價值倍增，你就能獲得巨大的利益。

我們會在下一章從投資的角度深入思考金錢價值的重要性。然而，提升一家公司的價值，除了使投資人致富，還有其他重要影響（請注意，我們都是在用退休基金進行投資的投資人）。公司也會提供股票激勵計畫或員工持股計畫，當公司價值增加，就能為很多員工創造財富。此外，公司還能把自己的股票當作貨幣，透過更好的融資條件或是利用增值的股票來收購其他公司，進而擴大規模，為世界做更多好事。

新紀元能源公司（NextEra Energy）和電力供應商ＡＥＳ公司就是很好的例子。這兩家公司多年來在再生能源發電方面都有重大進展，因此得以避免碳排放價格上漲帶來的管制風險，也能發展更有永續價值的新產品或新服務給客戶使用。

新紀元公司朝向永續發展的方向努力時，不但引來很多關注，也成為投資人的最愛。《金融時報》（*Financial Times*）將新紀元公司描述為全世界最大的潔淨能源集團，當這家公司的市值超過石油和天然氣巨頭埃克森美孚時，更是獲得媒體大幅報導。[11]相形之下，ＡＥＳ也許因為規模較小，很長一段時間未能獲得媒體的青睞。然而，ＡＥＳ是電池儲能方面的世界領導廠商，在最近幾年更成為全世界第五大太陽能開發商。[12]

從二〇一六年到二〇二〇年初，這兩家公司的股價表現非常相似，然而，在二〇二〇年年中，ＡＥＳ的市值是營業利益的四倍，而新紀元公司的市值是營業利益的三十倍。對這兩家業務領域非常相似的公司來說，這是很大的差距。等到市場終於看出AES的價值，從二〇二〇年年中到年底，AES的股價上漲幅度超過一〇〇%，而新紀元的股價只上漲三〇%。

這種公司市值與企業價值的倍數增加，就是本章描述企業創造價值的最後一種原型。當然，要做到這點，公司必須確實兼顧目的與獲利，並且對外發送訊號，顯示出風險減少或成長高於預期。這種情況與其說是公司在改變，不如說是市場終於發現公司的價值。

投資人的角色：不只是為了獲利

這六種原型顯示，公司如何在做好事能帶來成功的新天地中，發現巨大的價值。隨著這些原型的出現，潛在的價值創造變得很清晰，投資人也愈來愈想了解如何利用ESG數據做出更好的決策。二〇一八年，我與牛津大學的阿米爾·亞梅－札德

（Amir Amel-Zadeh）記錄投資人對ESG有多少興趣。我們的研究顯示，投資人帶著總計三十一兆美元的資產，正透過風險與價值創造的角度在檢視ESG議題。

然而，正如我接下來所要論述的內容顯示，這不只是投資人從旁觀者的角度尋求利益。在鞏固目的與獲利的連結，以及確保這種趨勢持續發展上，投資社群扮演的角色至為關鍵。他們一直在注意過去十年間發展出來的指標，而他們對ESG議題的了解更是重要。投資人能扮演要角，激勵公司在永續發展的道路上不斷前進，也緊盯著這些公司，要他們在失敗時負起責任。投資人也有很大的力量，能讓公司知道為何必須繼續努力，而且還要做得更好。

第七章
投資人驅動變革：不只是負面篩選

二〇一七年，一項股東決議迫使能源巨頭埃克森美孚（不顧公司董事會的建議）揭露公司加大力度在減少氣候變遷對公司業務上的影響。這項決議以六二・二%的贊成票通過。這是一個強而有力的訊號，代表股東關心環境議題，為了地球，不惜推動公司採取行動。

有趣的是，就在一年前，另一項類似的議案只獲得三八%的支持票，沒能通過。當時，我曾寫下一篇短文，討論這次投票的意義，預測埃克森美孚未來可能會看到股東行動主義的興起。那時我沒想到這項決議在一年後就通過了。此時此刻，埃克森美孚的股東行動主義甚至更為高漲。

一號引擎（Engine No. 1）是成功的科技投資人克里斯・詹姆斯（Chris James）創立的小型避險基金，正帶領股東發動「政變」，以改革埃克森美孚。他們的網站名稱是「重振ＸＯＭ」（Reenergize XOM，ＸＯＭ是埃克森美孚的股票代碼），要敦促股東把公司推向「成長的領域，包括在潔淨能源上有更多的投資……（並承諾）會努力達成減排目標」。[1]正如克里斯告訴我的，只要公司能夠改變，股東和利害關係人都能獲益，埃克森美孚就是絕佳的範例，因為過往股東和利害關係人都受到傷害：在過去幾年，隨著公司排放大量的碳，股票報酬率大幅虧損。改變這種情況，轉向潔淨能源，將對公司、股東與環境有利。結果埃克森美孚二〇二一年的股東大會出現一個令人驚訝的結果：股東投票反對公司管理階層的建議，讓一號引擎推出的董事候選人拿下三席董事會的席位。

埃克森美孚發生的事件不是異常的例子。二〇二〇年十月，跨國消費品公司寶僑（Procter & Gamble，全球前五十大公司）六七％的股東投票通過一項議案，限制供應鏈的森林砍伐，與董事會唱反調（董事會堅持公司已經做得夠好了）。[2]全世界最大的資產管理公司貝萊德（BlackRock）也支持這項決議。

你可能會問自己這麼一個問題：這些例子對大多數人、小公司或是公司員工來說真的重要嗎？因為可能為了破壞地球環境上頭條新聞的不是這些人。畢竟我們都無法成為激進投資人，擁有股東的力量去迫使大企業以更永續的方法做事。

只是，在愈來愈多的案例下，這些例子確實對我們來說非常重要。

幾乎每一個人或多或少都是投資人，有些人會積極投入股市，或是透過退休帳戶投資指數型基金，還有一些人則是由其他人來管理自己的退休金計畫。在我們的經濟體系中，投資人握有很大的權力。我們的社會把很多決策權交給把資金投入這個體系的人。上市公司的董事會是由投資人選舉出來的，而董事會對公司在世界上的作為有很大的影響。投資人有權獲得公司的剩餘盈餘，也有強迫公司代表他們行事的合法權利。如果著眼於永續發展大抵上已成為一家公司長期得以蓬勃發展的關鍵（我希望我已經清楚闡明這一點），那麼投資人就有權利和責任推動公司往這個方向發展。

正如我們從埃克森美孚、寶僑和其他例子看到的，這正是他們現在正在做的事。

我們已經從十年前基本上不關心這些議題的世界（以埃克森美孚的例子，甚至到了去年都還漠不關心），轉變成華爾街很多的參與者與其他地方的人都了解ＥＳＧ因素的重要性，而且不但很關注這些議題，還會採取行動。

我看到投資人在二〇一七年發起「氣候行動100+」（Climate Action 100+）之類的倡議活動，迫使全球最大的溫室氣體排放者對氣候變遷採取必要行動。[3]一些世界上最大的投資人（管理的資產超過五十二兆美元）已經聯合起來，公開倡導對溫室氣體排放負有責任的一百六十七家大公司力求改變，從空中巴士、英國石油到可口可樂公司，從汽車製造廠到礦業公司等等產業。到目前為止，他們已經成功使十幾家公司承諾制定具體、積極的排放目標。

從總體的層面來看，投資人知道這些議題很重要：大型機構投資人必須確保在未來一百年後仍有一個世界可以投資；而在個體層面，正如我們所見，當然他們也要這樣做。

在這一章，我要解釋我們是如何走到這一步，讓投資人如此關心這些議題。我也

圖7.1　簽署遵守責任投資原則的投資公司數量與管理資產規模

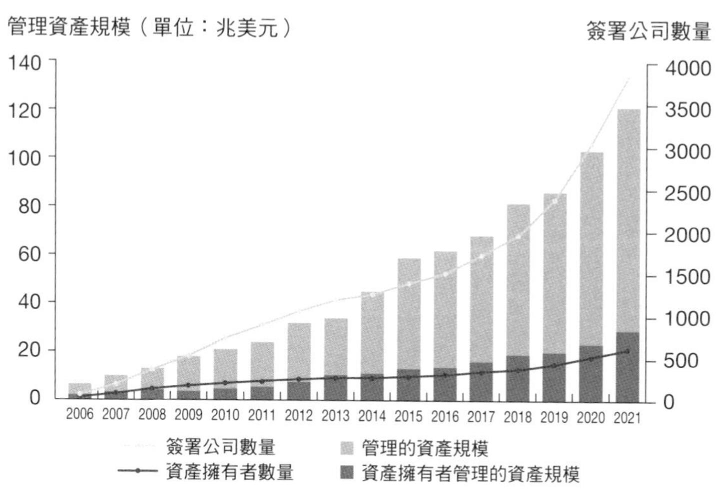

會討論大大小小的投資人應該如何思考ESG與財務績效的交互作用，並呈現出，即使是最大型的投資玩家，如何從他們支持的公司中看出他們承諾要在ESG議題上做得更好。最後，我要談到我們可以做些什麼，好讓投資界能不斷專注於推動公司朝向有利於地球的方向前進。

圖7.1可以看出投資人的新承諾，這個圖顯示，簽署遵守責任投資原則（Principles for Responsible Investment）的投資公司管理的資產規模。責任投資原則是源於聯合國的行為準則。在

二〇〇五年推行時從零開始，到了二〇二〇年簽署責任投資原則的投資公司管理的資產已經超過一百兆美元，涵蓋全球投資人絕大部分的資產。[4]

ＥＳＧ投資：只是「做好事」和負面篩選還不夠

二〇一九年，我在《霸榮周刊》（*Barron's*）發表的一篇文章描述我和我教過的一個學生的對話。當時她是全球最大私募股權公司的一顆新星。她描述說，公司在選擇投資標的時候，她很難讓公司把注意力轉向ＥＳＧ的績效表現。她預期我會說，每一家私募股權公司都面臨這樣的問題，很遺憾在商業界的這個角落還停留在米爾頓·傅利曼的時代。然而，在我們談話的時候，我意識到事實並非如此。她公司的反應完全不符常理。意識到這個世界已經有很大的轉變，是多麼美妙的感受。

數據已經證明ＥＳＧ和獲利是可以兼顧的。但她的公司仍停留在之前的時代，這對員工和客戶來說都很可惜。有很長一段時間，投資人認為ＥＳＧ是燒錢的方法，說好聽點，這或許是回報世界的一種方式，不是實際驅動經濟價值的力量。投資人在考慮社會責任投資（socially responsible investing）時，只是在投資組合納入幾家致力於社會或環境議題的公司，在他們的心裡，這方面的投資等於是慈善事業，預期不會帶來獲利，更別指望這樣的公司會在投資組合中大放光彩。

這大抵是因為幾十年來投資人不了解把ＥＳＧ議題納入投資分析的意義。這又和透明度與數據有關。ＥＳＧ投資一開始非常簡單，就是所謂的負面篩選：把菸草公司和酒類公司從投資組合中剔除，或是排除捲入醜聞的公司。乍看之下，負面篩選似乎是讓公司朝正向發展的第一步：企業領導人怎麼會冒險讓公司被潛在投資人剔除呢？但是我們仍不清楚負面篩選最終是否會帶來任何正面影響，而且基於一些原因，這種做法很可能弊大於利。

首先，如果要從負面篩選推動真正的改變，唯一的辦法就是市場上要有夠多的參與者這麼做，如此一來，對遭到剔除的公司來說，資金成本就會大幅提升。如果你使一家公司融資困難，並壓低公司市值，使這家公司的經營成本增加，那麼理論上來說，應該可以影響這家公司的行為。遺憾的是，到某個時間點，這家公司的價值低到引來私人市場的買家介入，而這樣的買家對獲利以外的事情毫不關心。這時，即使被篩選掉也不重要了，因為這家公司不再需要尋求融資。

私募股權投資的基本原理就是收購價值被低估的上市公司。如果負面篩選真的能對公司產生影響，那麼合乎邏輯的結果可能是公眾持股的上市公司將轉為私人持股的非上市公司，如此一來公司的行為將更不透明，除非政府監管，不然任何人都很難讓這些公司改變行為。當然，這不是一個好的結果，也不是主張投資人負面篩選的理由。

其次，由於負面篩選的概念是由社會因素驅動，而非財務因素驅動，這會讓人誤解整個ESG的作為就是追求財務表現以外的東西。這種假設是，如果你關心ESG議題，這是源於你的個人價值，而非財務表現，你甚至可能違反身為投資經理人的受託人責任。關於這個主題，我早期發表的一篇論文（與尤安尼斯・伊奧安努教授共同發表）研究華爾街分析師在二十年間的建議。[5]我們的研究顯示，在一九九〇年代，

圖7.2 分析師對ESG表現良好的公司給出的投資建議悲觀與樂觀程度

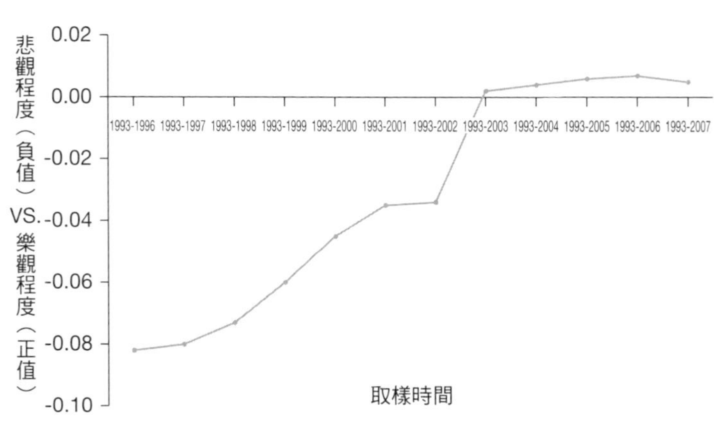

對永續發展表現良好的公司，分析師對買進、賣出或持有的建議其實比我們預期的還來得悲觀。致力於社會公益的公司不只是被忽視，甚至慘遭懲罰。舊式的想法是，如果你是一家表現很好的ＥＳＧ企業，必然專注在獲利以外的地方，因此分析師不會期待未來你在股市上會有亮眼的表現。

然而經過一段時間，如圖7.2所示，這種趨勢漸漸逆轉，分析師的建議不再像最初那麼悲觀，最後甚至更看好企業社會責任得分比較高的公司。投資界對ＥＳＧ的偏見消失了，開始理解在ＥＳＧ方面的努力不會減損公司價值，甚至發現致力於ＥＳＧ和財務績效密切相關。分析師和公司看到相同的數據：從策略的角度來看，ESG方面的努力可能很重要，而且具有意義。

我的研究指出，隨著數據的改善，汙名逐漸消失，投資人了解ESG議題絕對是一種策略槓桿。比較有經驗的分析師先有這樣的認知，最後其他分析師也這麼想。從那時起，投資人開始積極參與像是氣候行動100+的倡議，股東決議迫使埃克森美孚和寶僑這樣的大公司面對環境問題並拿出行動。然而，這只是一小步。

逢低買進：找尋具有ESG價值的璞玉

當然，事情沒有那麼容易，這樣的情況很少。我們現在知道，ESG表現不是萬靈丹，不一定能為公司帶來回報。把ESG因素納入投資決策考量，這樣的投資組合不一定是贏家。就像任何投資一樣，一切都和價值有關。如果價格太高，無論公司多麼努力拯救森林、減少碳排放、給員工公平的薪資或是禁止供應鏈雇用童工，這家公司仍然不是好的投資標的。好的投資標的與預測未來有關，而且要比市場上的其他人更快找到價值。

過去二十年來，我追蹤分析師買進、賣出或持有的建議，發現投資標的目標價的決定也有類似的結果。[6]在二十一世紀初，ESG企業的股票在交易時免不了會被打一點折扣，這和分析師的建議一致，顯示華爾街認為ESG的強勁表現對公司來說是有代價的，而不是有效益的。我分析兩千多家美國公司和類似數目的跨國公司數據，發現這種折價慢慢消失了，到了二〇一〇年代中期，隨著人們開始了解，在未來，在ESG上有強勁表現的公司，財務表現會比預測的基本數字要來得好，因此股價出現溢價。

正如你可以在圖7.3看到的，二〇一六年底川普當選美國總統，這種溢價突然完全消失。投資人擔心監理環境發生變化，如果支持企業良好行為的誘因不見了，在ESG方面有強勁表現就會失去意義。然而，事實證明，目的與獲利一致所展現的新力量要比政治更強大。到了二〇一七年初，這種溢價已經完全恢復。

圖7.3 美國市場對ESG績效評等的價值評估

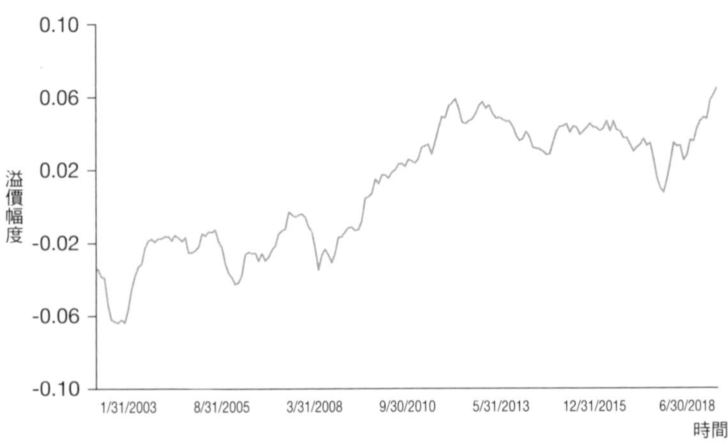

我們已經能利用人工智慧來衡量不同公司引發的公眾情緒，而且這方面的研究結果特別令人吃驚。我們發現，如果你查看在ESG方面同樣表現強勁的公司，那些已經獲得公眾好感、公眾情緒分數高的公司，表現並沒有超出預期。他們的本益比適中，而且ESG的表現已經隱含在價格中。另一方面，擁有很強勁的ESG策略、表現突出，但是公眾情緒分數還不高的公司，未來的表現則超出預期。可以追蹤新紀元能源公司和電力供應商AES公司的表現。像AES這樣在ESG方面表現強勁，但尚未獲得投資人青睞的公司，就是可以撿便宜的標的；

這種公司的潛力還沒開發，仍有價值要等待認可。

如果你是投資人，這就是你要尋找的標的，這間公司默默在ＥＳＧ方面耕耘，不久就會在市場受到矚目。更棒的是，如果你能找到一家尚未完全發揮ＥＳＧ潛力的公司，而你又能成為激進投資人，就能幫忙推動這家公司將ＥＳＧ潛力發揮到極致，就像埃克森美孚的投資人一樣，因為在低點買進，隨著世界發現策略機會就在眼前，把公司的股價推升到ＥＳＧ帶動的溢價，就會有超乎表現的報酬。這正是主動投資的奧義：發現隱藏的機會。如此一來，就可以從中抓住尚未被開發的價值，這就是為何即使是傳統態度保守、專注獲利的投資人，也會轉而積極注意永續發展。

因為這種想法，我才加入英荷倫集團（Inherent Group）的顧問委員會。英荷倫集團是一家積極型的避險基金公司，創辦人東尼．戴維斯（Tony Davis）是非常成功的投資人，他相信，把永續發展因素納入策略和營運的公司會在競爭中脫穎而出。我們認為避險基金是最看重金錢的投資工具，傳統上我們認為操盤避險基金的經理人不會認為「軟性」因素值得考慮。東尼在職業生涯之初就飽嘗成功的滋味，讓他得以在四十幾歲時退休，但他卻回到投資界，創辦英荷倫集團。正如他在二〇一八年向我解釋的，他覺得有機會運用自己的投資技能，幫助一些公司在環境和社會方面進行有意義的變革，這可是千載難逢的機會。

英荷倫集團一方面尋找有潛力透過ESG的績效提升而增加價值的公司，然後投資這些公司，與管理階層互動，給他們壓力，要他們努力執行。另一方面，他們發現有些公司的所作所為背離永續發展趨勢，英荷倫集團就會放空這些公司的股票。未來，這些公司會因為這種錯誤的做法自食惡果，導致股價暴跌，英荷倫集團就可以從中獲利。這種從多空兩方獲利的做法，就是全新的現實。

永續發展：下一個世代

大衛．布拉德（David Blood）與美國前總統高爾（Al Gore）一起創立世代投資管理公司（Generation Investment Management），他們也是這家公司的資深合夥人。他們是最先把永續發展分析完全納入決策的公司，而且宣布要專注於長期的永續發展績效。這家公司在二〇〇四年創立之初管理的資產為四億美元，現在管理的金額已經接近三百億美元，而且在二〇二〇年成為近十二年來在全球一百六十九支股票基金中績效表現最好的基金。由於多年來我一直與世代投資管理公司合作，研究永續發展因素在長期投資策略的重要性，因此這家公司的成功並不令我驚訝。

當我回想這家公司過去十五年的發展歷程，我想到將近十年前我在洛杉磯的一場專題演講，與會者是家族辦公室（family offices）*和小型基金的資產配置人員和經理人。這群聽眾對我說的話嗤之以鼻，不相信ESG投資的重要性，認為這方面的投資會犧牲報酬，對我提出的數據報以懷疑的目光。但在演講結束時，有一位聽眾告訴我，他曾經也是懷疑論者，但世代投資管理公司改變他的想法。他投資世代公司的基金時，並沒有抱持任何期望，只是想把錢多投資在另一種選擇上，他想也許這可以做

＊編注：提供有錢人投資顧問服務的民間公司。

些好事，但不相信這是可以賺錢的投資選擇。沒想到，這家公司的基金表現超過所有他主要投資的基金，而且他最大的心願是拿更多的錢投資世代公司的基金。實際發生的結果和他原本預期的情況可以說天差地遠。

也許你還記得前面提過的雷尼爾．英達爾和他創立的總和私募股權公司，這家公司聚焦投資在ESG議題的公司，管理的投資金額超過十億美元。我請雷尼爾來哈佛商學院的課堂演講。他解釋說，將永續發展的考量納入公司做的每一個決策，會有什麼樣的挑戰與報酬。由於總和公司被認為是行事風格不同的投資人，即使不是出價最高者，有時也能買下公司。創業者認為總和公司是可靠的夥伴，能秉持公司的目的並加以強化，而且與其他潛在投資人相比，能為公司帶來更多的價值。

除了上述兩個例子，我還能舉出更多的例子。打從約翰．史都爾（John Streur）在二〇一五年擔任卡爾佛研究管理公司（Calvert Research and Management）執行長，我就開始與他合作。這是一家專注於責任與永續投資的投資公司。卡爾佛也是最早創立社會責任投資產品的公司。即使卡爾佛已經在這個領域耕耘超過三十年，在對基金經理人講述自己的投資理念時，依然面臨阻力。經理人對數據的了解不夠，而且客戶擔心卡爾佛的使命和明智投資會有所牴觸，無法帶來豐厚的報酬，因此出走。在短短幾年之內，公司管理的資產縮水好幾億美元。我和約翰深入研究驅動永續發展公司成功的因素為何（特別是重大性與有力數據的重要性），而客戶最終也能夠擁抱我們的願景，約翰終於扭轉局勢。到了二〇二〇年，他幾乎使公司管理的資產翻了三倍，達到超過三百億美元，從有研究支持、明智的永續投資中獲得令人豔羨的回報。

還有幾家公司值得一提：

凱雷集團（Carlyle Group）是全球最大的私募股權投資公司之一，公司認為永續發展是製造差異的關鍵。該公司在二〇一八年寫下：「凱雷集團受託的工作是明智投資，並創造價值。過去十年來，我們透過在永續發展方面的實踐來強化管理；簡而言之，健全的ESG實踐增進我們的投資過程和結果。」[7]

摩根士丹利（Morgan Stanley）在二〇一三年成立永續投資研究所（Institute for Sustainable Investing），目標是在五年內為永續和影響力投資募集一百億美元。他們遠遠超越這個目標，現在管理的客戶資產已經達到兩百五十億美元。摩根士丹利的永續長奧黛莉・崔（Audrey Choi）在我主辦的一次會議上告訴三百五十名聽眾，沒有人預料到會有這樣的成長，在永續投資研究所創立之初，很多人都抱持懷疑的態度。[8]事實證明，他們錯了。

這不是說每一個人都要這麼做。其實，雷尼爾・英達爾常常提到，很多私募股權投資公司會用「漂綠」來行銷。他們說得頭頭是道，但不一定付諸行動。雷尼爾認為總和公司能發揮競爭優勢，是因為現在的人已經能看穿漂綠的伎倆，知道他的做法和其他公司不同，他能真正促使公司改進，不只可以幫助這個世界，而且能降低風險，並增加回報、顛覆產業、改善供應鏈等。趨勢的走向很明顯。即使不是每一個人都像雷尼爾・英達爾、大衛・布拉德、約翰・史都爾等人那樣全心全意致力於永續發展，此時此刻，更簡單的一個問題是：有誰認為在投資時不必考慮永續發展？

誰還沒加入？為什麼不加入？這不是一個修辭性的假問題。實際上，這個問題真的很重要。在某種程度上，落後的人依然停留在舊的模式，認為ＥＳＧ投資還是意味著負面篩選。他們沒注意我和同事在過去十年做的研究，不看同行在做什麼，也不知道產業行為已經改變。他們的成功是長時間累積而來，他們忽略ＥＳＧ因素，覺得沒有調整的必要。這不是說納入這些因素不會增進他們的績效，只要他們願意把這些因素納入考量，幾乎可以肯定能提升績效。只是成功帶來過度自信，並產生惰性，鼓勵他們堅持一直在做的事，不去改變。每一個帝國最終都會走向衰退，每一種明智的投資策略都會在一段時間之後失效，因為知識在進步，產業會採用領導者的想法。不願朝向ＥＳＧ方面調整腳步的人，就會被甩在後頭。就是這麼簡單。

創新是為了強化問責機制

談到這裡，我相信你已經看到永續投資運動現在是大獲全勝。與幾年前相比，現在似乎已經物換星移。在今天，有非常多的投資人採取行動，了解朝向ＥＳＧ調整帶來的力量，也反映出他們對社會深深的關切。更有力的一股力量是，我們已經開始看到金融市場的創新。這個市場不只是依賴相信研究的投資人，而且能確實用最有意義的方式把ＥＳＧ的表現與獲利連結起來。

二〇二〇年九月，全球製藥大廠諾華（Novartis）宣布在醫療產業成立第一檔與永續發展結合的債券。前面曾提到永續發展債券，特別是Google的債券，承諾公司將投資在永續發展方面，並向員工表示公司真正關心這些議題。諾華向公司的債券持有人承諾，如果公司未能在二〇二五年達成藥物可及性目標（Patient Access Targets），就會支付更高的利息。這些目標是要提供瘧疾、痲瘋病等在開發中國家肆虐的疾病藥物給全球的病人。根據諾華發布的新聞稿，這支債券「代表公司邁出大膽的一步，將ＥＳＧ納入業務營運核心，而且會以持續、透明的方式說明進展」。[9]

義大利國家電力公司（Enel）也在二〇二〇年發行與永續發展連結的類似債券，承諾如果沒能實現永續發展目標，利率將增加二十五個基點（即〇．二五％）。[10]這種債券及其他永續發展貸款工具為良好的行為提供強而有力的財務誘因，使一家公司全心全力投入承諾。三年前，這些東西還不存在，現在，就在筆者撰寫本文之時，已經有數千億美元的資金利用這類工具發行。看到永續發展的結果能與獲利產生真正的連結，實在令人欣慰。如果公司想要更便宜的資金，就要被迫做正確的事情，而且讓他們可以把自己的行為所產生的結果內化。

在某些方面，這一切都要回到負面篩選，但和以前的負面篩選不同。現在，我們可以用更有意義的方式進行負面篩選。有了與永續發展連結的工具，就很容易剔除沒有達到目標的公司，因為這些公司無法做到永續發展，使獲利明顯受到影響。我是紐約有史以來第一個脫碳諮詢委員會六名成員之一，所有的成員都是由紐約州州長和紐約州共同退休基金主計長任命，這個退休基金管理的資產高達兩千兩百億美元。我們的目標是決定如何保護退休基金不受到氣候變遷相關金融風險的影響。

撤資的決定很簡單，也是流行的政治策略，委員會的每一個成員都會收到很多倡議者寄來的電子郵件。但是這檔基金不這麼做，決定依照我們的建議，採取多管齊下的做法。這檔基金為每一家公司設定最低標準。如果公司需要資金繼續投資，就必須拿出成果，如果沒有達到目標，基金就會撤資。這檔基金挹注數十億美元的資金給積極提供氣候解決方案的公司。這是將數據付諸實踐的絕佳範例，也讓人清楚了解ESG表現不佳的風險：如果你希望紐約退休基金繼續投資你的公司，你的行動計畫就必須考慮到地球。[11]

這些問題對退休基金來說尤其重要，也許對大多數的投資人而言更重要，因為他們理解到自己還有很長的時間，需要地球在未來一百年內都有完好的狀態，才能夠償還他們的債務。這也就是為何投資化石燃料對退休基金來說極其危險。如果由於監理問題或氣候變遷帶來的風險，導致產業垮了，這些投資也許會血本無歸。儘管撤資作為一般政策並不是完美的答案，但確實表明人們非常關心這些議題。

水野弘道是日本政府年金投資基金（Japanese Global Pension Investment Fund，基金規模一．六兆美元）的前投資長，現在則是特斯拉的董事。我定期會請他來我在哈佛商學院的課堂上演講。他解釋說，管理退休基金意味以百年為單位來思考，而非只想著下一季或下一年。日本政府年金投資基金擁有世界上幾乎所有大型上市公司一％以上的股份（而且擁有幾乎所有日本大公司五％以上的股份），因此水野對企業領導人有很大的影響力。

幾年前，他有個驚人的洞察力，顛覆所有人對於大型投資人有什麼力量的看法。他說，如果一個經理人能找到正確的投資標的，使投資組合比平均水準好一點，當然沒有人會抱怨。或者，同一個經理人發現自己管理的基金規模非常龐大，幾乎投資在每一家公司，如果市場跌了一〇％，他只損失九％，不算有什麼成就。在一個下跌的市場，與其對小輸為贏沾沾自喜，經理人難道不能先做些什麼，讓市場不會下跌一〇％？

水野向我的學生解釋，他開始質疑資產經理人的傳統評價模式。他和團隊不是想要打敗市場，而是提出「普世資產所有者」（universal ownership）的概念。「我們擁有這個宇宙，因此不能打敗這個宇宙。」反之，他投注時間在試著讓宇宙更為永續發展。

水野下定決心，與其讓投資組合的表現更好，不如讓世界更好。二〇二一年春天，他告訴我的學生：「有個退休基金的經理人跟我說：『我們的任務是把錢保住，而不是拯救地球。』還有一個經理人告訴我，我聽起來像宗教領袖，而不是金融專家。他們告訴我，我違反我的信託責任。大家都在找各種理由推託。但我問他們：『如果我們的孩子甚至不能在外面玩耍，就算拿到一大筆退休金又有什麼意義？』」

水野的想法很大膽，而且不是每一個人都能立即看到曙光。然而，他的故事說明大型投資人擁有改變世界的力量和影響力。當然，我們都不是水野弘道，也沒有負責操盤大型退休基金。不過，我們可以回到本章開頭的問題：就個人來說，我們可以做些什麼，來促成這類型的努力？

當然，你可以對你投資的資產管理公司施壓。我與紐約州的合作經驗發現，這真的能帶來改變。在英國，甚至有個更公開的做法，讓每一個人都能參與。英國環境運動倡議「讓我的錢變得更重要」（Make My Money Matter），讓公民得以查詢自己的退休基金，並知道這些基金投資在什麼地方。[12]這項倡議的網站宣布：「英國退休基金約有三兆英鎊，當中有很多資金投資在化石燃料、菸草和武器等有害產業。我們在此要求退休基金應該做得更好，多投資在做好事的公司，而不是帶來傷害的公司，而且要利用我們退休基金的力量，確保我們投資的公司做相同的事。」透明度是第一步。我們都可以要求企業做得更好。

脫離囚徒困境

如果我們退後看看大局，就能看清楚這點，那就是公司需要竭盡所能。然而，並非所有的公司都能達到這個目標。如果致力於某個ＥＳＧ問題，未能增加報酬，而且你持有的一些公司為了追求獲利，不惜做出傷害社會的事，該怎麼辦？畢竟，證據顯示，在一般的情況下，ＥＳＧ表現較好的公司獲利會優於競爭對手，但在一些情況之下，結果不一定是如此。例如，有一種情況是「顧客不願意付錢」的問題：消費者可能只是不願意多花一點錢購買「環保」產品，而且在很多情況下，甚至只有一小部分的顧客群對選擇環保產品感興趣，而且不會去考量價格因素。因此，願意採取行動著眼於永續發展取得產品材料的公司，會發現成本結構變高，毛利更低，這是不可忽視的競爭劣勢。

另一組問題和時間長度有關。雖然在某些情況下，提高員工薪資或選擇勞動條件比較好的供應商可能帶來長期的經濟效益，但領導人可能會在企業的短期壓力之下不願做這樣的投資。專注於短期利益的高階主管總體薪酬設計，與董事會對時間的評估，可能會造成投資決策的重要阻礙。

歡迎來到典型的囚徒困境。

如果每一家公司都不得不負起責任去行動，我們就能過得更好，沒有一家公司必須支付競爭下的價格（competitive price）。然而，每一家公司都有偷雞摸狗的誘因，並從中獲得利益。如果一家公司做了偷雞摸狗的勾當，那就只有他們飽嘗甜頭，地球大抵而言不會受到傷害。要是其他公司也按照這個邏輯行事，就會一起使壞，造成集體災難。因此，有必要用誘因來強迫他們合作，使他們為了自己的利益行事。

這是一大挑戰，更何況不一定能找到正確的誘因。一個做法是我所說的「競爭前合作」（precompetitive collaborations），鼓勵同產業裡的公司攜手合作，共同訂立標準、產生數據、創造知識，或促進產品開發。我們已經在幾個產業裡觀察到這種做法，從採礦到科技業都有。這和共謀不同，共謀是有害的祕密串連，為了保持高價或阻擋競爭者進入市場，至於合作則是透明、有益的。

例如，阿姆斯特丹丹寧布產業的領導公司在阿姆斯特丹應用科學大學（Amsterdam University of Applied Sciences）的協助下，成立丹寧負責聯盟（Alliance for Responsible Denim），幫助會員公司以更能永續發展的方法生產丹寧布，將化學物質及水和能源帶來的破壞降到最低。另一個例子是行動電話營運商的貿易組織，這個組織發展出一個架構來幫助成員，以達成一系列改善基礎設施、減少貧窮、提供優質教育和限制對氣候破壞等相關的目標。國際礦業和金屬理事會（International Council on Mining and Metals）也為礦業公司制定透明度原則。全球農業企業聯盟（Global Agribusiness Alliance）則幫忙制定改善農民生計的行為標準。

以這些方式聯合起來的公司正在改變規範和期望，而且在很多產業都可以看到不少這樣的例子。這使得其他公司難以做出不負責任的行為。雖然沒有法律約束力，但資訊很透明，往往足以遏止公司偏離正軌。透過聯合起來制定標準和公布數據，同產業的公司就可以阻止其他想要坐享其成、胡作非為的公司。這些合作有助於讓市場明白，哪些公司致力於ESG，哪些公司則在推卸責任。

在此，投資人可以扮演重要的角色。我已經從研究中找出並確立一個幫助投資人建立與維繫這種合作的框架，而且已經有些進展。[13]例如，瑞典國家退休基金在二〇一六年與其他投資人合作，幫助十家公司合作改善魚類和貝類的供應鏈管理，也和其他幾家公司合作，以更符合永續發展的行動採購剛果的鈷礦。二〇一八年，挪威退休基金（世界上規模最大的退休基金）則與聯合國兒童基金會（UNICEF）合作，幫助頂尖服飾公司透過供應鏈來增進兒童的權利，提供接受教育的機會，以及改善兒童的健康和營養狀況。

在圖7.4，我們可以看到根據個別公司的行動是否能提升價值而對ESG議題的拆解。在最上面的方框，我們可以看到合作的價值，在這個狀態，環境管理與投資人資產管理會達成一致。

圖7.4 ESG議題對公司價值的影響拆解

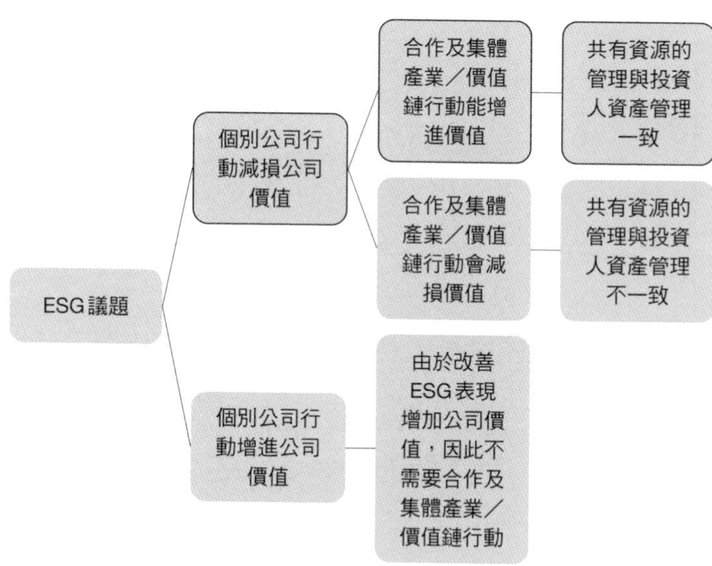

現實的情況是，我們身為退休基金的受益人，全都很關心環境和社會福祉。我們都投資在廣泛的多元化投資組合，而且會持有相當長的時間。如果你現在三十幾歲，正在思考未來五十年的投資前景。在這方面，我們並不孤單。如圖7.5所示，很多機構投資人都展現很大的投資廣度，持有投資組合的期間也很長。

這就是為何展現這些特點的基金，像是退休基金或大型指數基金，在談到永續發展上會如此

圖7.5　各類基金的投資期間與廣度

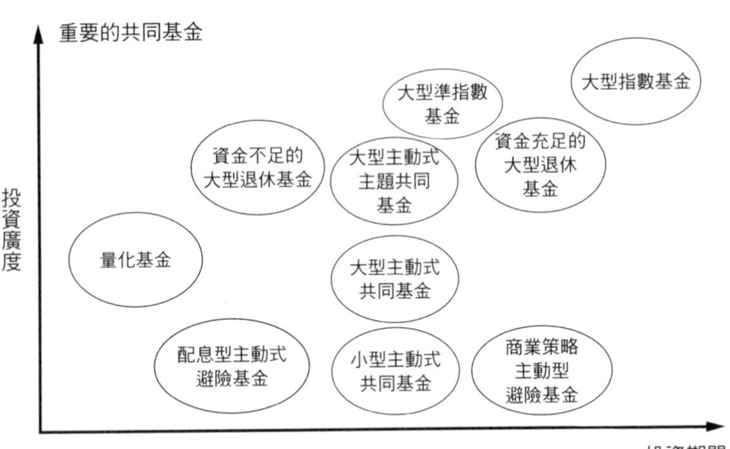

重要的原因。對許多議題和產業來說，這些基金都是「共有資源的經理人」。如表7.1所示，三大指數型基金管理公司（貝萊德、先鋒〔Vanguard〕和道富）在很多產業都有不少投資部位，也就會面臨一些重大威脅，如建築業的賄賂和貪腐、食品領域的森林濫伐，或是服飾產業造成的水汙染。這張圖顯示大型指數型基金在各個產業持有公司股份比重的平均數、中位數、第一個和第三個四分位數。由於資產管理人對投資的公司行為具有影響力，身為投資人，我們需要他們確實負起責任。

表7.1 大型指數基金在各產業的持股比例

主題	產業	年	大型指數基金持有股份比例			
			平均數	中位數	第一個四分位數	第三個四分位數
賄賂與貪腐	建築施工總承包商及施工者	2002	5.6	5.3	4.3	8.2
		2007	11.8	11.4	8.6	11.7
		2012	14.4	14.5	14.5	15.9
		2016	19.7	20.3	20.1	20.3
森林砍伐	食物及相關產品	2002	5.8	6.6	1.7	8.3
		2007	8	8.6	1.8	11.8
		2012	13.5	14.1	13.3	15.9
		2016	16.5	15.9	15.9	17.4
水汙染及水的消耗	服裝和其他由織物及類似材料製成的成品	2002	5	6.7	2.3	7.6
		2007	8.1	9	5.6	10.1
		2012	10.2	8.9	8.6	12.1
		2016	13	13.3	13.2	13.4
原物料採購與衝突礦產*	電子及其他電氣設備及零件，電腦設備除外	2002	7.4	8.1	7.1	8.5
		2007	10.4	10.4	9.2	12.6
		2012	13.1	13.7	13.5	13.9
		2016	16.9	17	16.7	18.2
病態肥胖與顧客健康	飲食場所	2002	8.1	9	6.9	10.3
		2007	10.5	10.9	9.5	11.7
		2012	13.9	14.5	13	15
		2016	17.5	18.1	15.6	19
共融。產品可取得與可負擔	教育服務	2002	5	5.3	4.5	5.3
		2007	9.1	9	8.6	11
		2012	14.4	15.7	13.4	16.5
		2016	13.2	12.7	12.7	17.7

* 譯注：衝突礦產是指在武裝衝突和侵犯人權的情況下所開採的礦物，常見的礦藏包括金、錫、鉭、鎢，是製造消費性電子產品經常使用的原料。

有項調查發現，幾乎四分之三的投資人對永續投資感興趣，而且千禧世代投資ESG基金的可能性更是一般投資人的兩倍。愈來愈多退休基金和家族資產機構要求把ESG議題納入投資決策，不少人甚至要求在合約中載明這點。

為ESG的成功設定指標

有鑑於投資人對ESG的偏好持續增加，我們正見到原本預測到的資產經理人行為。二〇一七年，道富環球投資管理公司（State Street Global Advisors）當時的執行長羅恩・歐漢利（Ron O'Hanley）決定採取一項大膽的行動。道富透過指數型基金的投資成為多家公司的永久股東，發現有不少公司的董事會成員清一色都是男性。歐漢利認為這是不對的，應該採取行動改善。道富深信性別多元（因此帶來思想和經驗的多樣性）才是良好的公司治理與商業實務，在這樣的動機下，組織會因為董事會的多樣性得到支持。為了打破這些公司的玻璃天花板，道富發起「無畏女孩運動」（Fearless

Girl Campaign），在華爾街豎立一座「無畏女孩」的雕像。傳統上，人們認為像道富這樣的公司是被動投資人，突然間變成行動投資人。

道富寫信給公司的領導階層，解釋為什麼他們要代表多元化的董事會採取行動。如果公司沒有採取行動做出改變，道富將在未來的年度董事會上投下反對票。此舉果然帶來轉變。二〇二一年，道富發現一千四百八十六家公司董事會成員原本都是男性，其中的八百六十二家公司（大約五八％）至少增加一名女性董事。[14]道富在無畏女孩雕像四周擺放碎裂的玻璃天花板，象徵這次行動的成功。

幾乎對所有的投資人來說，幫助更多產業和公司共襄盛舉，深切關心ESG議題是值得努力的。長期持有多樣化選擇的股票，意味著投資人面臨更廣大的經濟風險，而不只是一家公司的特定風險。任何可能會為廣大的經濟成長踩剎車的事件，包括腐敗、機會不平等、氣候變遷等等，都會對資產帶來負面影響。在整個經濟中，要避免系統性的風險已經變得非常困難。

這不是指我們能做的就是購買指數型基金，然後希望大型資產管理公司能說服各家公司，讓他們相信ESG績效對他們的未來極為重要。現在有許多社會責任投資基金與組織會對公司和大型投資人帶來真正的壓力，要他們負責任的採取行動。致力於永續發展的非營利組織「環境責任經濟聯盟」（Coalition for Environmentally Responsible Economics, CERES）就是一個例子。散戶愈是表明他們關心投資標的的環境和社會屬性，資產管理公司就愈不可能忽視這些因素。

我的研究顯示，隨著散戶對ESG表現的興趣愈來愈大，我們肯定就會看到愈來愈多的資產管理公司努力激勵企業，要他們做得更多、更好。資產管理公司會看到，這方面的努力對於他們提供的服務是非常重要的一部分。在一個投資服務漸漸商品化的世界裡，這樣的努力可以說是真正的差異化因素。我們不是無能為力，大型投資人**肯定**不會無能為力。

ESG與你息息相關

身為投資人，儘管這個角色可能很重要，然而通常似乎和我們有距離。即使我們當中有些人是公司領導人，所做的決策在時間和範圍上仍有所局限。有些學生告訴我，他們不打算經營公司，也不會管理投資基金，甚至質疑這些問題對他們的人生是否重要。不過我的回答是，當然重要。正如我在本書開頭闡述的商業的目的以及我們走上這一行的理由。我也要在這裡做個總結。我們為什麼做目前正在做的事，這個問題會滲透到我們做的每一個決定。我們都在努力尋找人生和職業生涯的意義。

我們在人生之路做出選擇時，無可避免會想到，我們是否努力使這個世界變得更好。在最後一章，我會探討這些問題如何影響每一個人的事業，以及我們在充分了解目的與獲利的關係時，如何看待自己的職業生涯。我們每一個人該怎麼做才能發揮最大的影響力，選擇正確的機會，並找到一條對我們而言最充實的人生道路？

第八章

你與組織契合嗎？

不久前，我教過的一個學生希望我對一個商業決策給點建議。他從哈佛商學院畢業後，在職業生涯一開始的前幾年就有非常出色的表現。他在一家大型工業公司領導一個業務部門，相當滿意自己的工作，但想要尋找新的挑戰。一家能源公司找上他。這家公司在環境管理方面有些不良紀錄，正在尋找一個人去領導一個更大的部門。這可以說是很大的躍進，照理說他應該會為此雀躍，然而他非常關切環境議題，而且致力保護這個地球，而不是破壞地球。

「我知道你會說什麼，」他告訴我：「但無論如何我還是想問一下，我該接受這份工作嗎？」

我不假思索的說：「去吧。」這個回答出乎他的意料之外。

是否能驅動變革？

我的答案可能會讓你困惑，就像我的學生一開始那樣大惑不解。為什麼我會建議學生，在社會面臨的最大問題上，可以為想法不契合的組織工作？我已經一章又一章的解釋為何站在正確的一邊很重要，而且強調這是最好的商業策略，這麼一來豈不是鼓勵學生為虎作倀？

因為契合不是靜態的。這種契合在幾個月或幾年內會發生變化，而且並不總是完全在我們的控制之外。我們都有能力把組織推向不同的方向。因此，問題變成是要知道，我們如何發揮影響力，讓組織做得更好，以及我們希望能從職業生涯中獲得什麼樣的經驗。

我們都需要好好反思，什麼東西能為我們的職業生涯帶來成就感，而且隨著時間流逝，什麼東西能帶給我們最大的滿足。一方面來說，有人選擇在一個與自己價值觀完全一致的地方工作，例如，與自己的想法契合的非營利組織。然而，經過一段時間，你與組織的契合度也許不會增加，反倒可能隨著組織的變化而減少。

另一方面，也許有人選擇在與自己的目標看來不完全契合的地方工作，就像我的學生。但是，過了一段時間，他們可以推動公司在各方面有更好的表現，而且契合度明顯增加。

如果你能貢獻一己之力，影響一個組織，讓這個組織變得更好，而不是在一個不需要你的幫助去讓公司成長或維持道德表現的地方工作，你也許會獲得更大的心理報酬。其實，我的直覺告訴我，如果一個有能力、充滿熱情的領導人加入表現欠佳的組織（而且這樣的組織已經有可行的改善路徑），世界會變得更好。

因此，我問學生，對他們來說，以下的事情中，哪件事情更重要？是目前與組織的契合度，還是未來的契合度變化？圖8.1說明這個問題。想像你與一個組織的契合度很高，然而隨著時間經過，這樣的契合度非但不會提高，甚至可能下降，這就是最

圖8.1　與組織的契合度變化類型

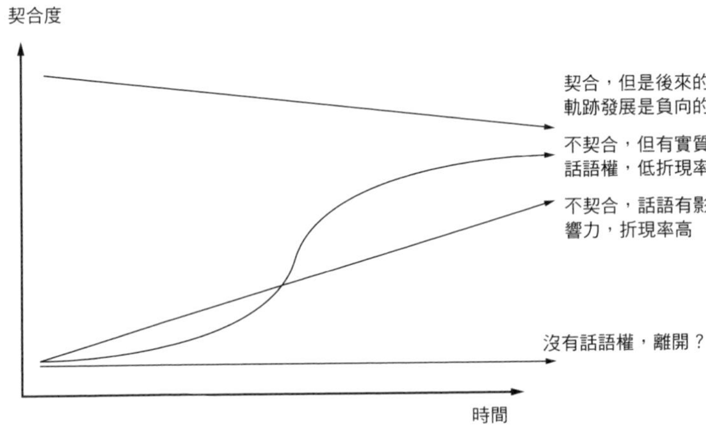

上方那條線代表的情況。與另一種選擇相比，也就是在一個一開始契合度很低的組織工作，但是由於你與同事的努力，經過一段時間之後，契合度增加了，這就是中間兩條線呈現的情況。

中間那兩條線的差異在於變化的速度。一種情況是，可能經過很多年幾乎沒有什麼進展，之後才出現指數型的改善。而另一種情況是，起初改善的速度較快，但呈現的是線性改善，因此最後整體進展沒那麼高。這樣的差異可以歸結為耐心，或是我所謂的個人折現率（personal discount rate）。

底部那條線就是你想避免的情況。一開始，契合的水準很低，經過一段時間之後，依然沒有什麼改善。在這種情況下，最佳選擇可能是離開公司。我看過有人選擇前三條線中的任何一條，而他們的選擇取決於個人偏好。有些人會把最初的契合度放在首位（例如，想要在一家提供有機食品的公司工作，或是為得不到足夠服務的人提供醫療服務），不在意這些機構未來的發展。還有一些人則希望看到他們的努力和經驗能為組織的永續發展軌跡產生有意義的影響。

因此，這就是從三種參數做選擇：你能接受最低的契合度、日後契合度的提高速度、以及成長速度。（在數學上，第二種和第三種參數是和時間有關的契合度一階和二階導數。）

這種思維能讓你獲得解放。如果你考慮的不是一開始工作的情況，而是日後的發展，就不會受困於選擇。你可以改變一個組織，也可以離開。你可以著眼於整個發展軌跡，不必擔心眼前的情況。也許，你寧可選擇契合度低、但能發揮影響力的地方，在日後促成改變。

即使不是執行長，也能推動變革

我們時常會聽到這樣的反駁：除非你在高層，否則不能改變組織。實際上並非如此。根據我和同事的研究顯示，實際上你不一定要是執行長，也能實現你設想的那種改變。[1]正如我們對企業目的的研究，中階主管的態度才是連結高績效與身為目的型組織的關鍵，因此，不一定是最高主管階層才能扮演最重要的角色。

我另一個學生的故事可以說明這點。強納森．貝利（Jonathan Bailey）二〇一二年開始在麥肯錫顧問公司工作。麥肯錫是全球頂尖的管理顧問公司，對世界各地的公司和政府提供顧問服務，因此有很大的影響力。然而在二〇二〇年民主黨總統初選中，候選人皮特．布塔傑吉（Pete Buttigieg）因為曾在麥肯錫工作而飽受對手抨擊，因為麥肯錫和許多大公司或機構合作，大家都知道其中有很多人做過不光彩的事。

強納森從專員開始做起，一路升到主任，最後當上初級合夥人。然而，在他成為初級合夥人之前，他設計、推行一個相當重要的新計畫，也就是麥肯錫和加拿大退休金計畫投資委員會（Canadian Pension Plan Investment Board）共同推出的長期投資計畫，特別著重氣候變遷、良好就業與健全的公司治理等議題。這項工作只是個起點，後來更籌畫一個更大的計畫，也就是成立一個名為「關注長期資本」（Focusing Capital on the Long-Term）的非營利組織，使世界上一些規模最大的公司和投資人倡導企業需要採用更注重長期的角度來經營。

如果沒有當時的執行合夥人多明尼克・巴頓（Dominic Barton）和康納・凱霍（Conor Kehoe）等資深合夥人的承諾，就無法推行這些計畫，而且因為還有像強納森・貝利這樣的人認真努力與盡責查證，這些計畫才得以實現。

領導力在每一個階層都很重要

不管在組織的哪個階層，身為高效能的領導人，意味著了解你想要達到的目標，然後想辦法激勵出正確的行為，並讓目標實現。有些人認為，只要領導人夠熱血，就能促成最大的改變，但我認為，如果我們能指出我們想要達到的具體目標，然後掌握達成目標所需要的技能，那麼我們會更有效率。

聯合利華的保羅．波爾曼不只是基於信念而將公司推向永續發展，而是因為他是了解企業裡裡外外的超級高效領導人。他能掌握數字，完全清楚什麼行動會帶來什麼結果，而且會利用正確的槓桿來達成想要達到的目標。

任何重大變革都需要時間。這項任務是循序漸進的，有時則很緩慢，但只要有一點進展，仍然是一種進步。如果一個組織希望達成五〇％的多元化，但現在只達成一〇％，你不能因為沒有立即達到五〇％就把兩手一攤，宣告放棄。只要你可以達到一二％，接著達成一四％，然後到一六％，而且在這個基礎上繼續進步，前進的每一小步都很重要。

成功的正確配方

然而，事情不一定像我說的那麼簡單。我們的努力不一定能開花結果。我們依然會面臨風險，從無法推動組織這種非常單純的風險，到捲入醜聞這種不相稱的高風險，致使你和組織都會遭受到無可補救的傷害。至少在一開始如果你接受挑戰，想要幫助公司轉型，未來可能還是會遭遇阻力和挫折。

回到艾瑞克·奧斯蒙森的故事。我們在第五章談到他執掌挪威最大的廢棄物管理公司挪威回收集團面臨的挑戰。我們可以從他的故事學到更多東西，了解一個想要兼顧目的與獲利的領導人能做什麼事。公司上上下下都可以感受到他的努力，他改變公司文化，從「我們一直以來都是這麼做的」，轉變成瀰漫有責任感和價值觀的新氛圍。[2]

艾瑞克首先雇用不曾在回收產業工作過的人來當領導人，這些人不曾涉及競爭對手常見的貪腐作為。他試著吸引最優秀的人才：來自多元背景、技術超群，而且抱持的價值觀與艾瑞克在公司建立的價值觀相同。他對媒體開誠布公，承認還會新發現一些不良行為。他知道公司還有不可告人之事，而且認為總有一天這些事情會被發現，但他承諾不會隱瞞，讓人相信他。他強調，現在員工說：「我第一次覺得可以相信公司，並以這家公司為傲。」[3]

起初公司的業務確實遭受衝擊，流失一．五億克朗（約一千五百萬美元）的現金，離職員工還把客戶帶走，不過三年後的現在，公司比之前更為強健，從商業倫理和獲利的角度來看，都是業界翹楚。目前，挪威回收集團在挪威的企業信譽排行名列第十一名，工作環境則拿下第一名。這家公司不只是客戶的供應商，也是客戶的策略夥伴，幫助這些客戶在環境永續上做得更好，給他們可回收的材料，帶他們走上永續發展之路，這條路跟他帶領公司走的路一樣。

與競爭對手不同，艾瑞克讓公司獨樹一幟，脫穎而出，並讓他的改革成功引來媒體津津樂道。這樣的努力成為一股強大的驅動力，得以推展新業務，提高毛利，也拉高公司在金融市場上的本益比。

危險與警告訊號

艾瑞克成功了，但這絕不是保證。在你跳到下一個與你尚未契合的組織接受挑戰之前，你應該要了解風險與警訊。首先，你想要在一個開放、能接受變化的環境之中。如果領導人認為沒有改變的必要，也不支持你推動改變，你就會有失望的風險。只靠一人之力，不一定能推動整個公司，即使這個人是執行長。因此比較好的選擇是選擇另一個組織，或是如果你已經在裡面，那就選擇離開。

有一次，一位在一家大型石油和天然氣公司工作、三十五歲的工程師告訴我，公司內部有不少活力和人才，但是資深經理人無視在公司創新管道中出現、由才華洋溢的技術人員所開發的構想（實際上還嗤之以鼻）。這造成一個惡性循環，員工覺得無能為力、沒有參與感，大多數有才幹的員工不斷流失，組織失去繁榮發展所需的創新動力。我在哈佛商學院的同事艾美．艾德蒙森教授（Professor Amy Edmondson）就組織中的心理安全感（psychological safety）發表很多研究報告。艾美強調，不是做好人就會有心理安全感，而是要給人坦率的意見回饋、公開承認錯誤，並讓員工相互學習。

這就是為什麼強而有力的企業目的比任何時候都要來得重要。儘管長期以來，大家已經開始了解企業目的重要性，大概在一百年前，契斯特・巴納德（Chester Barnard）和菲利普・塞茲尼克（Philip Selznick）*這樣的思想領袖已經在研究組織及其在社會中的角色。在他們看來，目的對引導組織而言很重要，就像價格對市場的重要性一樣。

如巴納德所寫的：「組織的歷久不墜……與支配組織的道德廣度成正比……遠見、長遠的目標、崇高的理想都是合作持續存在的基礎。」[4]塞茲尼克也主張類似的概念：因為目的，一家公司才能充滿價值和認同，擺脫「用過即丟的組織」，成為「恆久屹立的企業」。[5]

我們能做什麼？

身為一個人或領導人，我們能做最好的事就是努力與我們的組織契合，積極把問題找出來，並盡力使自己的職業生涯發展走向近乎完美。

當然，我們的職業生涯永遠不可能完美。我們永遠不可能找到與自身目標完美契合的工作，也沒有任何一家公司的實際行為稱得上是完美無瑕。正如我在本書多處提到，要做到這些很不容易。平衡獲利與社會影響力，並在這個過程中做出正確的選擇，執行、溝通及發掘價值，要做好這些事情著實困難。但我希望我已經說得很清楚，這條路已經開始變得容易一點，如果能夠成功，將會在市場上獲得愈來愈多的回報。

＊　譯注：契斯特．巴納德是系統組織理論創始人，現代管理理論之父；菲利普．塞茲尼克是美國加州大學柏克萊分校教授、社會學家，第二次世界大戰後美國法律社會學的主要代表人物。

在結語裡，我會談到我們如何繼續邁向未來，以及如何確保公司獲得適當的誘因去追求社會影響力，為自己的行為所產生的結果負責，同時有助於帶領我們過著更好的生活，並住在更好的地球上。

結語

目的與獲利兼顧的未來

不久前，我以「企業如何改變世界現況」為題發表一場演講。聽眾有數十位是《財星》五百大公司的執行長，他們知道我會告訴他們什麼事情。他們知道已經有愈來愈多的證據指出，做出改變可以在金融市場獲得回報。他們知道愈來愈多指標，也了解員工、消費者和投資人的要求也在漸漸增加。他們知道世界已經改變，只是不知道該怎麼做。

前一天晚上，我受邀參加私人晚宴，與二十幾位執行長坐在一張大圓桌，討論這些問題，以及企業如何改變行為，產生真正的影響。記得有一刻，大家開始抱怨這是多困難的事。「我們沒有足夠的數據。」、「我想投資，但無法負擔。」、「我想做到員工多元化，可是根本找不到人。」、「我想做對環境有利的事，但如果這麼做會破產，那就不行。」、「我想改變，但是太難了。」

最後，有一位執行長站起來。他來自一家面向消費者、知名的大公司。他舉起手，抱怨的聲浪逐漸平息。他直截了當的說：「問題不在於我們沒有工具或資源，問題也不是我們沒有數據，問題要比這些事情來得直接，問題就在於你們這些正在抱怨的人對這些問題不夠關心。」

眾人陷入沉默。他繼續解釋說，他的公司要比很多公司困難得多。「我們有五萬個供應商，幾乎不可能了解每一家供應商在雇用辦法和人權政策的實際作為。但我們沒有因此舉手投降，說這是我們無法控制的事，要怎麼管理？後來，我們有了數據，花了好幾年的時間改變供應鏈的流程（是的，我們確實需要一些時間），連五萬個供應商也一起改變。」

「這一切會發生，是因為我們在乎，」他繼續說。「因為我們表示，我們無法接受我們的供應鏈出現違反人權的做法，不能接受員工每天來上班受到不公平的對待，不能接受員工來上班聽到有人受到不公平的對待。我們無法容忍這種事繼續發生。找一堆藉口說事情有多麼困難比較容易，但我們不會這麼做，因為我們在乎。」

在價值觀和相互衝突的誘因之間航行

從根本來說，你必須在乎。我可以給你世界上所有的工具，但是如果你不在乎，不努力使你的公司、組織和這個世界變成更好的地方，我就幫不了你。我可以給你所有的數據，告訴你如何改變經營方式可以帶來正面影響，如何引發投資人、消費者和員工的關注，確實提升財務績效，但要讓這件事情發生，你真的必須在乎。

然而，只是在乎當然還是不夠。即使你在乎，萬一你面臨一些誘因，使你走向完全不同的方向呢？如果這些誘因迫使你在你的價值觀、企業生存或個人的生涯發展之間做選擇呢？根據我的經驗，在絕大多數的情況下，誘因是決定性的關鍵。

那麼，在你邁向未來的時候，你如何使你的目的與獲利保持緊密連結？你必須改變誘因。我在第三章談到影響力加權會計、行為數據化的重要性，以及如何客觀了解並評估一家公司實際上在這個世界上做了什麼事。很多人都會犯這樣的錯誤，以為這就是完整的答案。如果我們衡量這些影響，就能神奇的解決這個世界的問題嗎？不可能。衡量不是目的，只是起點。我們需要衡量，（也只有這麼做）才能創造出適當的誘因，為我們這個社會面臨的環境和社會挑戰找出解決方案。

組織一旦開始衡量，就可以建立這些誘因，但我們必須記住，我們不能把這樣的過程視為理所當然。目的與獲利的連結是脆弱的，必須用心培養和加強。我們很容易想像社會往不同的方向轉變，變得缺乏透明度、選擇更少，變得不再在乎，因此無法建置適當的變革來實現目標。正如我們無法把民主、健康或取得潔淨的空氣和水視為理所當然，我們也不能假設世界會朝向我們想要的方向發展。我們必須付出，而且必須真的在乎。

永續行為的四個支柱

當我們展望未來，繼續思考如何驅動公司的永續行為，就必須注意永續行為的四個支柱。

1. 持續透過分析保持透明度
2. 基於結果的誘因
3. 教育
4. 政府的角色

接下來就來逐一探討。

持續透過分析保持透明度：達能集團的演變

我曾在前面提到達能集團。達能是法國食品集團，在美國最為知名的主要是達能優格的製造商。達能一直是影響力加權會計的先行者，公司承諾以目的為導向，努力到二〇五〇年實現碳中和。他們也是全世界第一個採納「碳調整後」每股盈餘指標的公司，這使他們成為值得欽佩的業界領導公司。

我很高興能在書裡談到他們，但二〇二一年春天，我還在寫這本書的時候，這家公司似乎突然陷入危機。不到一年前，他們的執行長范易謀（Emmanuel Faber）才向股東祝賀，說他們已經「推倒米爾頓．傅利曼的雕像」，這位執行長此刻卻因為「沒有滿足投資人的期待」而下台。[1]就企業目的而言，達能做的可謂可圈可點，但在資本市場的表現卻不盡理想。儘管公司在環境與社會問題方面做了很多努力，但是獲利已經下滑，淨利落後競爭對手。

你對這點所做出的反應很容易就像傅利曼的看法：「我早就說過了，這樣行不通，影響力和績效是對立的。達能顯然太重視其中一個，犧牲另一個。」其他人也許會有不同的反應：「為什麼要逼走這麼一個在世界上做那麼好的執行長？股東看不到達能創造的影響力嗎？」

雙方都在相同的假設下做出反應，都認為達能當然是一家影響力很大的公司。但在這裡我們要記住一點：意圖不等於結果。如果事實上達能已經有了不起的成果，只是公司價值在市場上被低估了，對永續資本主義背後的理念來說，這會是真正的挫敗。的確，達能是一家B型企業，在資訊揭露方面做得很好，還有良好的農業相關誘因，在所有不同的領域都有完善的政策，但就影響力加權會計（一套豐富、準確、客觀的指標）算出的價值而言，我們必須仔細研究數據，撇開所有冠冕堂皇的說詞，看看達能究竟做到什麼。

如果你細看這些指標，就會發現，就實際影響力而言，達能在業界的表現只能算是中等。儘管透明度不錯，擁有良好的意圖，但在業界並非居於領先地位。如果你看公司在碳排放、水資源的消耗、產生的汙染物數量，以及所有我們希望企業在環境上展現的成果，達能的表現其實比不上通用磨坊（General Mills）等同行。如果你再察看達能的產品本身、產品的營養價值、糖和鈉，同樣會發現這些表現不如通用磨坊。即使通用磨坊的表現勝過達能，我們還是沒聽到通用磨坊很多事情與致力於永續發展的承諾。衡量結果的能力，以及不只是依賴意圖和願望的能力，都非常強大。這會讓你得以進行分析對話，才不會演變成關於傅利曼的意識形態之爭。也許達能表現不佳不是因為把焦點放在影響力，而是因為沒能產生**足夠**的影響力。或許該給執行長更多時間，或是管理團隊應該改變落實目標的方式。也許達能追求的目的絕對是正確的，但是執行得差強人意，因此換掉范易謀是對的，這不是因為他的目標有問題，而是因為他沒有做正確的事情來達成目標。

正確的分析能使你超越情緒，來到一個不同而更好的起點。這就是為什麼影響力加權會計等指標如此重要。為了進行有意義的討論，你需要正確的數據，這會帶我們去討論下一個支柱。

基於結果的誘因：高階主管的薪酬及其他誘因

在第五章我談到微軟、必和必拓和皇家殼牌等公司將高階主管的薪酬與公司的多元化目標、碳排放等掛鉤。在第七章中，我也提到諾華大藥廠及義大利國家電力公司的永續發展債券，將利率與是否達成某些目標掛鉤。我們樂見這些進展，相信未來這些做法會愈來愈普遍。其實，就在我寫到這裡的時候，主打墨西哥菜的奇波雷連鎖餐廳（Chipotle）才宣布，公司高階主管薪酬的一〇％將與公司實現永續農業的進展和員工包容性的目標掛鉤，而且加拿大有六家最大的銀行也試著要讓高階主管薪酬方案有一大部分與ESG因素連結。[2]

然而，如果我們以更全面的角度來看誘因及誘因如何驅動他們採取行動，就會發現能做的不只這些。我的同事伊森．魯恩（Ethan Rouen）和我是哈佛影響力加權會計計畫的共同主持人。我們最近發表一篇報告，討論在世界上，影響力加權會計可能代表的典範轉移。我們理所當然的認為，我們今天知道的財務會計系統是評估一家企業的唯一方法，但我們所知的這個會計系統只在過往的一百年來廣泛實行。這個會計系統選擇的東西包括資產和負債，不包括對環境或員工的影響。確實這只是一種選擇，而我們可以做出不同的選擇。

改變會計準則來反映一家企業對世界的影響有兩種形式的阻力。有一些人說，這是不可能做到的。另一些人則說，不該這麼做。請記住，即使是目前已被廣泛接受的會計準則，也曾有過同樣的阻力。有人說，每一家企業都是獨一無二的，而且會計是一門藝術，而非科學。還有人說，財務報表會為一家企業增加太多成本。

這些反對意見都被克服了。現在，有人說，更廣泛的影響不具有財務重大性。但是，正如本書分享的研究所指出，這些廣泛的影響具有財務重大性顯然很明顯。現在還有人說，要確切衡量影響力是不可能的，但這正是我們現在正在做的事，而且我們每天都在讓衡量所涵蓋的範圍變得更為廣泛。要求完美不該成為做好事的敵人。標準已經變得愈來愈好，也將持續不斷的改善。有人說，不是每一件事都能用金錢來表達，也不該如此，實際上這麼做只會阻礙我們在關鍵社會問題的進展。不過問題是，不給我們的森林、海洋和人們貼上價格標籤，就能引導我們成功解決這些問題嗎？氣候災難已經來了。自一九七〇年以來，哺乳動物、鳥類、魚類和爬蟲類的族群數量已經減少六〇％。我們正面臨崩壞，為什麼不試試不同的方法？

有人堅持我們不該衡量企業對社會的影響力，而且認為這超出我們的會計系統應該反映的範圍，但這些人不了解，不衡量也是一種價值判斷，就像衡量是一種價值判斷一樣。正如我和伊森寫到：「我們選擇衡量的東西反映我們對什麼東西是重要的、什麼東西應該優先考慮的價值觀。這些影響力若不揭露，會讓人以為這些事情並不重要。」

隨著我們在衡量環境和社會影響力上做得愈來愈好，我們必須激勵企業去重視這些措施。我們必須採用這種會計做法，以反應這些措施對世界的重要性，並推動去促成適當的問責結構，不管是透過高階主管的薪酬方案、借款利率、特定的合約條款、法律規則或其他標準。這都會是長期的演化，但重要的是要繼續前進，不要停滯不前，或是走回頭路。

教育：培養下一代的領導人

在教室裡，面對一群關心這些議題的學生，身為老師的我，常有得天下英才而教之的喜悅。其中一個原因是，學生是自己選擇、決定來上這門課的。過去八年，我與同事蕾貝卡．韓德森教授開的「重新想像資本主義」這門課非常受歡迎，我認為在哈佛大學或其他地方的很多學生都關心這些議題。我和蕾貝卡在哈佛教過的MBA畢業生已經有將近兩千名，他們都上過我們的課，還有幾萬、甚至幾十萬名其他大學的學生使用我們的教材。根據最新報告，全世界有超過兩千門課程都是建立於我們在哈佛大學教過的東西之上。

我和同事正在教育未來的執行長，也就是最後想要管理組織，並為公司所做的一切負起最終責任的人。我們必須教育未來的商業領袖，讓他們了解自己擁有改變現狀的作用和能力，知道可以利用哪些工具得知自己的選擇會有什麼樣的影響力。若是我們教出來的畢業生不了解或不重視這些問題的重要性，我相信他們會處於可怕的競爭劣勢。如果你是二十一世紀的商業領袖，卻不知道如何明智的思考這些問題，成功的可能性就會很小。

擁有四十年職業生涯的領導人如果要在二〇五〇年或二〇六〇年競爭，屆時不得不減少大部分的碳排放。有時我會在課堂上播放臉書執行長馬克・祖克柏（Mark Zuckerberg）出席國會聽證會為公司的錯誤道歉的影片。我告訴他們：「你們不會想坐在那個位置上。」你必須管理好你的公司，以免被叫到國會為自己辯護。在確保學生經營一個合乎道德、永續發展並負責任的公司，讓所有利害關係人共存共榮上，教育工作者扮演非常重要的角色。

政府的角色：資訊環境的保護者

政府的角色為何？每一個人都有不同的觀點。一九八〇年代和一九九〇年代，我們在希臘吃足苦頭，因此我對嚴厲的監管和政府控制心存懷疑。關於政府對商業行動的控管要到什麼程度，我知道大家的看法有很大的分歧。我想，即使在一百年後，我們依然會對現在的很多問題進行辯論。然而，我確實認為有些問題不能忽視。蕾貝卡・韓德森一針見血的在文章中指出，為了避免我們的行動帶來最負面的後果，我們必須課徵碳稅。我完全同意，但我想在這裡討論一個不同的議題。其實，本書很多章節已經觸及過這一點。

政府應該好好保護我們生活中資訊環境的可信度。這點非常重要。想要看到為世界做好事，並兼顧在財務上有成功表現，資訊是必不可少的。資訊能使人依照自己真正的偏好行事，而且讓他們做出驅動經濟的選擇。我們現在面臨的挑戰與錯誤和扭曲的資訊有關，還有資訊超載和假新聞的問題，乃至我們愈來愈無法就最基本的事實達成共識。

這不利於本書討論的所有事情。因此，我極力主張，政府必須想辦法確保投資人、消費者、員工和公民獲得可信的資訊。要分析有益的企業行為，只有在這些分析方法可供我們使用、準確，而且能被理解，才能發揮作用。就是這麼簡單。

給未來的ESG領導人：寄望未來

不久前，我還坐在我學生現在坐的座位上，思索自己的人生和職業生涯要如何發展，心想如何才能為這個世界帶來有意義的轉變。正如前述，我的第一份工作是保險事業的分析和評價，這份工作跟我今天探討的主題沒有任何關聯。我只是想謀生，在職業生涯上踏出正確的第一步。

後來，我從那份工作開始轉向這本書裡提到的研究，是因為我意識到我想要思考更重要的事情。我想了解一家有影響力、對其他人帶來正面影響的公司是如何建立起來的。我希望自己有能力做出選擇，決定在我們清醒的大多數時間要在哪個領域發聲，以及為這個世界帶來什麼樣的貢獻。我們都希望發揮這樣的作用，我們都希望用自己的聲音捍衛自己的信念。我們都希望自己正在用一種有用的方式做出貢獻。這就是本書真正的要旨。我希望我已經給你工具，讓你了解自己帶來的影響，以及因為我們的選擇和行動在每天所產生的影響。

寫到這裡，從某個層面來看，我的生涯繞了一圈，我最近加入利寶互助保險集團（Liberty Mutual Group）的董事會，這是世界上頂尖的保險公司之一，剛好是我出社會待的第一家公司。這家公司為數百萬人提供創新和承擔風險的能力，讓他們知道自己辛苦創立的企業和家庭可以受到保護。利寶來找我，是因為他們誓言在ＥＳＧ方面取得進展，瞄準更高的目標，精益求精，為世界帶來更大的影響力。他們在乎，正如前面所述，在乎就是最重要的第一步。

至此，我希望你已經看到環境和社會問題在商業中的重要性，我們都有能力做出改變，我們也必須確保世界繼續走在正確的道路上。我們擁有的資訊要比以往來得多，也有更多的機會去了解。現在，我們必須將這些知識轉化為行動，透過對目的與獲利的全新分析，為自己和這個地球帶來更多好處。五十年後，我希望我們不再懷疑企業對人類和地球負有一定的責任，而且對未來的領導人來說，這一切就像今天的領導人看待獲利和虧損的數字一樣明顯。我希望我們已經開始用有效的方法來解決當今世界最急迫的問題，往更重要、更好的方面發展，有新的指標、新的標準和新的期望。我希望每一個人都是這個進展的關鍵部分。

致謝

本書是多年辛苦的結晶，不只有寫作本身很辛苦，為了寫作所做的研究和思考，以發展書中觀點所花費的心力都很辛苦。

我有幸得到哈佛商學院的全力支持。這裡不但是我的母校，也是我現在任教的地方。哈佛商學院的前院長和現任院長尼汀．諾里亞（Nitin Nohria）與斯里肯特．達塔爾（Srikant Datar）幫我把我的想法變得明朗、具體，而且在幾乎沒有幾個人相信我時，對我深信不疑。還記得有一天，我坐在尼汀的辦公室，那時我還是助理教授。尼汀拿出一枝筆、一張紙，畫了一張簡單的圖，說道：「這就是你研究的東西。」一直到今天，我還留著這張圖。斯里肯特不但影響我的思想觀念，本書呈現的一些研究也是受到他的鼓勵才去做的。不管碰到什麼樣的困難，他都堅持花好幾個小時跟我討論，看我提出的想法如何能被世界各地的公司採納。

為了寫作這本書，我與多位同事討論我的研究，如尤安尼斯・伊奧安努教授、克勞汀・嘉騰柏格、蕾貝卡・韓德森、羅伯・艾博思、保羅・希利、喬蒂・葛雷沃、亞倫・尹（Aaron Yoon）、莫・汗（Mo Khan）、艾迪・里德（Eddie Riedl）和鮑瑞思・葛羅伊斯堡。沒有他們，這裡提到的研究有大多數不會發生。我和尤安尼斯和蕾貝卡是在哈佛攻讀博士時認識的。他們一直是我的好朋友、好同事。我從蕾貝卡的身上了解什麼是真正的思想開放、善良和奉獻。我們一起教授「重新想像資本主義」這門課時，她已經是哈佛大學教授，而我才剛晉升副教授，但她完全把我當成地位平等的夥伴。我對她充滿感激之情。另一個我要感謝的人是羅伯。他個性剛強，透過堅定不移的決心和創造社會變革的能力，大幅推動企業報告領域的進展。由於保羅的建議和指導，我才會在取得博士學位之後留在美國與哈佛。他的辦公室大門永遠為我敞開，這對我的職業生涯發展有很大的影響。

我也要感謝在這一年中給我回饋和建議的多位同事。我和很多人進行大量的討論，有些討論在這裡值得一提。過去十年來，克里希納．帕雷普教授（Professor Krishna Palepu）一直是我的恩師，他對知識的嚴謹與追根究柢，使我成為更好的學者。我還要謝謝羅伯．卡普蘭（Robert Kaplan）、馬克．克萊曼（Mark Kramer）、維克倫．甘地（Vikram Gandhi）、伊森．魯恩、茱莉亞．巴提安納（Julie Battilana）、高京柱（Howard Koh）、彼得．圖法諾（Peter Tufano）、柯林．梅耶（Colin Mayer）、阿米爾．亞梅－札德、艾耶夏．戴伊（Aiyesha Dey）、錫克．席科吉（Siko Sikochi）、丹恩．克里斯滕森（Dane Christensen）、文卡特．庫普斯瓦米（Venkat Kuppuswamy）、法比里歐．費里（Fabrizio Ferri）、藍傑．古拉地（Ranjay Gulati）、羅希特．德許潘德（Rohit Deshpande）、麥可．塔佛（Michael Toffel）和艾美．艾德蒙森，透過和他們的合作與討論，我的一些想法才得以成形。

我也必須感謝在本書中出現的實踐者和同事，以及我在這趟旅程中許多時點合作的人，包括：羅納德．柯恩爵士、雷尼爾．英達爾、琴恩．羅傑斯、約翰．史都爾和大衛．布拉德。我從他們那裡學到很多，了解什麼是為世界帶來正面影響以及在每件事情上達到卓越成就的意思。我要特別感謝我在ＫＫＳ顧問公司的共同創辦人薩奇思・柯桑多尼斯，要是沒有他，我的工作就不會那麼有趣、充實。薩奇思不只是我的合作夥伴，也是真正的朋友和兄弟。非常謝謝ＫＫＳ所有同仁，他們將學術構想付諸實踐，在研究和行動之間創造一個良性循環，尤其是蒂娜・帕薩拉里（Tina Passalari）、湯瑪斯・卡博堤（Thomas Cobti）和尼可拉斯・帕培（Niklas Pape）。同樣的，我也要感謝道富環球投資管理公司的團隊，特別是威爾・金羅（Will Kinlaw）、史黛西・王、亞歷克斯・奇瑪－福克斯、大衛・圖爾金頓（David Turkington）和布麗姬特・瑞爾慕托・拉佩拉。我也想謝謝影響力加權會計倡議團隊的大衛・弗萊柏、凱蒂・崔恩（Katie Trinh）、凱蒂・帕聶拉（Katie Panella）、羅伯・卓邱斯基（Robert Zochowski）和DG・帕克（DG Park）。這個團隊，加上羅納德・柯恩爵士的遠見和決心，使我們得以在影響力透明度方面有重大進展。

謝謝艾瑞克・奧斯蒙森、賈里德・廷格、蒂芙妮・范、伊爾涵・卡德麗、曼紐爾・皮努耶拉、水野弘道、凱西・克拉克（Casey Clark）、伊凡・葛林菲德（Evan

Greenfield）、克里斯・平尼（Chris Pinney）、彼得・凱爾納（Peter Kellner）、克拉拉・巴畢（Clara Barby）、崔西・巴蘭狄江（Tracy Palandjian）、強納森・貝利、米凱爾・拉森（Mikkel Larsen）、莎拉・威廉森（Sarah Williamson）、亞曼達・雷希比斯（Amanda Rischbieth）、提姆・杜恩（Tim Dunn）、東尼・戴維斯、克蕾麗莎・郝普特曼等許許多多的人。他們的故事出現在本書，或是他們有跟我或我的學生談論關鍵議題。他們的行動和領導力鼓舞我，激勵我追求更高的目標。我要特別感謝我的朋友邁克・海斯（Mike Hayes）鼓舞我，並鼓勵我開始寫作這本書的過程。同樣的，我也要謝謝多年來我教過的幾千位學生，他們的職業生涯發展、故事和行動，每天都為這個世界帶來變化。

謝謝安東尼・馬帝若（Anthony Mattero）和他在ＣＡＡ的團隊，謝謝提姆・柏嘉德（Tim Burgard）及哈潑柯林斯出版集團領導力系列（HarperCollins Leadership）每一位工作夥伴的幫助，使本書得以面世。我還要謝謝傑若米・布雷區曼（Jeremy Blachman）幫我編輯本書的書稿，以傳達我的研究和經驗。

我還要感謝我的好朋友迪米崔斯·柯勒里斯（Dimitris Kolleris）、嘉布里爾·卡拉吉歐吉（Gabriel Karageorgiou）、迪米崔斯·巴羅梅諾斯（Dimitris Balomenos）和伊夫席米歐斯·尼可羅波洛斯（Efthymios Nikolopoulos）的支持。他們讓我感覺世界變小了，即使我們住的地方相隔數千里遠，依然是親密的朋友。我的父母潘納吉歐提斯和納芙絲卡·賽拉分（Panagiotis and Nafsika Serafeim）一直是我的榜樣。今天，我的任何成就都要歸功給他們。沒有他們的愛與支持，一切都不可能實現。我的姊姊伊歐娜·賽拉分（Ioanna Serafeim）也是，在我最困難的時候，她總是放下一切，助我一臂之力。沒有我的姊姊，我就不可能離開希臘放手一搏，先到倫敦，最後到波士頓。

最後，我要謝謝我的妻子娜塔莉·特傑羅·賽拉分（Natalie Tejero Serafeim）和她的家人：東尼（Tony）、希爾達（Hilda）、喬許（Josh）和希爾蒂（Hildi）。我看到娜塔莉的那一刻，就相信我已經找到另一半。娜塔莉使我在各方面都成為一個更好的人。如果本書比你預期得要好一點，那要感謝她的支持，她對初稿提出的長期客觀回饋，以及她的愛。

各章注釋

前言　目的與獲利結合的力量

1. Mozaffar Khan, George Serafeim, and Aaron Yoon, "Corporate Sustainability: First Evidence on Materiality," *Accounting Review* 91, no. 6 (November 2016), pp. 1697–1724, https://papers.ssrn.com/sol3/papers.cfm?abstract_id=2575912.
2. Alex Cheema-Fox, Bridget LaPerla, George Serafeim, and Hui (Stacie) Wang, "Corporate Resilience and Response During COVID-19," Harvard Business School Accounting & Management Unit Working Paper No. 20-108 (September 23, 2020), https://papers.ssrn.com/sol3/papers.cfm?abstract_id=3578167.

第一章　經商之道：商業世界的轉變

1. Erik Kirschbaum, "German Automakers Who Once Laughed on Elon Musk Are Now Starting to Worry," *Los Angeles Times*, April 19, 2016, https://www.latimes.com/business/autos/la-fi-hy-0419-tesla-germany-20160419-story.html.
2. "Tesla Market Cap Surpasses Next Five Largest Automotive Companies Combined," Reuters Events, January 7, 2021, https://www.reutersevents.com/supplychain/technology/tesla-market-cap-surpasses-

next-five-largest-automotive-companies-combined.

3. Amanda Keating, "Microsoft CEO Satya Nadella Shares What He's Learned About Stakeholder Capitalism as the Head of America's Most JUST Company," JUST Capital, November 5, 2020, https://justcapital.com/news/microsoft-ceo-satya-nadella-shares-leadership-lessons-on-stakeholder-capitalism/.

4. Amanda Keating, "Microsoft CEO Satya Nadella Shares What He's Learned."

5. Connie Guglielmo, "Microsoft's CEO on Helping a Faded Legend Find a 'Sense of Purpose,'" CNET, August 20, 2018, https://www.cnet.com/news/microsofts-ceo-on-helping-a-faded-legend-find-a-sense-of-purpose/.

6. Milton Friedman, "A Friedman Doctrine—The Social Responsibility of Business Is to Increase Its Profits," *New York Times*, September 13, 1970, https://www.nytimes.com/1970/09/13/archives/a-friedman-doctrine-the-social-responsibility-of-business-is-to.html.

7. George Serafeim and David Freiberg, "Harlem Capital: Changing the Face of Entrepreneurship (A)," Harvard Business School Case 120-040, October 2019, https://store.hbr.org/product/harlem-capital-changing-the-face-of-entrepreneurship-a/120040?sku=120040-PDF-ENG.

8. Paul Polman, "Full Speech: Paul Polman at the SDG Business Forum 2019," October 7, 2019, https://www.youtube.com/watch?v=JJEmG5q3m4A (video).

9. Paul Polman, "Full Speech: Paul Polman at the SDG Business Forum 2019."

10. Unilever Annual Report, https://www.unilever.com/planet-and-society/sustainability-reporting-centre/.
11. Unilever website, "About Our Strategy," https://www.unilever.co.uk/planet-and-society/our-strategy/about-our-strategy/#:~:text=Goal%3A%20By%202020%20we%20will%20enhance%20the%20livelihoods%20of%20millions,as%20we%20grow%20our%20business.&text=We%20have%20long%20known%20that,have%20evidence%20to%20prove%20this.
12. "Unilever's Purpose-Led Brands Outperform," Unilever, November 6, 2019, https://www.unilever.com/news/press-releases/2019/unilevers-purpose-led-brands-outperform.html.
13. "Unilever's Purpose-Led Brands Outperform."
14. "Business Roundtable Redefines the Purpose of a Corporation to Promote 'An Economy That Serves All Americans,'" Business Roundtable, August 19, 2019, https://www.businessroundtable.org/business-roundtable-redefines-the-purpose-of-a-corporation-to-promote-an-economy-that-serves-all-americans.
15. David Savenije, "NRG CEO; Who's Going to Empower the American Energy Consumer?" March 27, 2014, Utility Dive, https://eastcountytoday.net/antioch-police-still-looking-for-missing-man/.
16. Julia Pyper, "A Conversation with David Crane on Getting Fired from NRG and What's Next for His Energy Plans," GTM, April 29, 2014, https://www.greentechmedia.com/articles/read/a-conversation-with-david-crane.
17. NRG Energy, Progress: 2020 Sustainability Report, NRG Energy website, https://www.nrg.com/sustainability/progress.html.

18. Steve Jobs, "'You've got to find what you love,' Jobs says," Stanford University Commencement Address, June 12, 2005, https://news.stanford.edu/2005/06/14/jobs-061505/.

第二章　影響力世代的影響

1. "Trend in Product Varieties (Number of Models) for Some Products in the USA," 2021, Springer Link website, https://link.springer.com/article/10.1057/dddmp.2013.34/tables/1.
2. "Different by Design," Aspiration website, https://www.aspiration.com/who-we-are/.
3. "Impact Report," Seventh Generation website, https://www.seventhgeneration.com/values/impact-reports.
4. "Impact Report 2019," Tesla website, https://www.tesla.com/ns_videos/2019-tesla-impact-report.pdf.
5. "Sustainability Report 2018," Oatly website, https://www.oatly.com/uploads/attachments/cjzusfwz60efmatqr5w4b6lgd-oatly-sustainability-report-web-2018-eng.pdf.
6. Richard Feloni, "PepsiCo CEO Indra Nooyi's Long-Term Strategy Put Her Job in Jeopardy—But Now the Numbers Are in, and the Analysts Who Doubted Her Will Have to Eat Their Words," *Business Insider*, February 1, 2018, https://www.businessinsider.com/indra-nooyi-pepsico-push-for-long-term-value-2018-1.
7. Julie Creswell, "Indra Nooyi, PepsiCo C.E.O. Who Pushed for Healthier Products, to Step Down," *New York Times*, August 6, 2018, https://www.nytimes.com/2018/08/06/business/indra-nooyi-pepsi.

html.

8. Jens Hainmueller and Michael J. Hiscox, "Buying Green? Field Experimental Test of Consumer Support for Environmentalism," Harvard University, December 2015, https://scholar.harvard.edu/files/hiscox/files/buying_green.pdf.

9. "Edelman Trust Barometer 2021," Edelman website, https://www.edelman.com/trust/2021-trust-barometer.

10. Virginia Commonwealth University, Department of Social Welfare, https://socialwelfare.library.vcu.edu/programs/housing/company-towns-1890s-to-1935/.

11. "Survey: More Workers Find Work-Life Balance by Embracing Work-Life 'Blending,'" Enterprise Holdings, February 6, 2020, https://www.enterpriseholdings.com/en/press-archive/2020/02/surveymore-workers-find-work-life-balance-by-embracing-work-life-blending.html.

12. Joe Marino, "Must-Know Job Website Statistics (And How to Leverage Them)," Hueman, https://www.huemanrpo.com/blog/must-know-job-website-statistics.

13. Joe Marino, "Must-Know Job Website Statistics."

14. Atanas Shorgov, "How LinkedIn Learning Reached 17 Million Users in 4 Years," BetterMarketing, March 14, 2020, https://bettermarketing.pub/how-linkedin-learning-reached-17-million-users-in-4-years-59657ac55721.

15. Lauren Stewart, "How Coding Bootcamps Can Change the Face of Tech," Course Report, July 29,

2021, https://www.coursereport.com/blog/diversity-in-coding-bootcamps-report-2021.

16. "About B Corps," B Lab, https://bcorporation.net/about-b-corps#:~:text=Certified%20B%20Corporations%20are%20businesses,to%20balance%20profit%20and%20purpose.&text=B%20Corps%20form%20a%20community,as%20a%20force%20for%20good.

17. "About B Corps."

18. Michael Thomas, "Why Kickstarter Decided to Radically Transform Its Business Model," *Fast Company*, April, 12, 2017, https://www.fastcompany.com/3068547/why-kickstarter-decided-to-radically-transform-its-business-model.

19. Michael Thomas, "Why Kickstarter Decided to Radically Transform Its Business Model."

20. "Citizen Verizon," Verizon, https://www.verizon.com/about/responsibility.

21. Justine Calma, "Amazon Employees Who Spoke Out About Climate Change Could Be Fired," The Verge, January 3, 2020, https://www.theverge.com/2020/1/3/21048047/amazon-employees-climate-change-communications-policy-job-risk.

22. Johana Bhuiyan, "How the Google Walkout Transformed Tech Workers into Activists," *Los Angeles Times*, November 6, 2019, https://www.latimes.com/business/technology/story/2019-11-06/google-employee-walkout-tech-industry-activism.

23. John Paul Rollert, "The Wayfair Walkout and the Rise of Activist Capitalism," *Fortune*, July 13, 2019, https://fortune.com/2019/07/13/wayfair-nike-employee-activism/.

24. Transcript, Merck & Co., Inc. at CECP CEO Investor Forum, February 26, 2020, Thomson Reuters Streetevents, https://s21.q4cdn.com/488056881/files/doc_downloads/transcripts/MRK-USQ_Transcript_2018-02-26.pdf.

25. Transcript, Merck & Co Inc at CECP CEO Investor Forum.

26. Leslie Gaines-Ross, "4 in 10 American Workers Consider Themselves Social Activists," Quartz, September 20, 2019, https://qz.com/work/1712492/how-employee-activists-are-changing-the-workplace/.

27. Johana Bhuiyan, "How the Google Walkout Transformed Tech Workers into Activists."

28. Paige Leskin, "Uber Says the #DeleteUber Movement Led to 'Hundreds of Thousands' of People Quitting the App," *Business Insider*, April 11, 2019, https://www.businessinsider.com/uber-deleteuber-protest-hundreds-of-thousands-quit-app-2019-4.

29. Stephie Grob Plante, "Shopping Has Become a Politiccal Act. Here's How It Happened," Vox, October 7, 2019, https://www.vox.com/the-goods/2019/10/7/20894134/consumer-activism-conscious-consumerism-explained.

30. Sarah Title, "What Ecommerce Brands Need to Know About Consumer Activism by Generation," Digital Commerce 360, July 27, 2020, https://www.digitalcommerce360.com/2020/07/27/what-ecommerce-brands-need-to-know-about-consumer-activism-by-generation/.

31. Stephie Grob Plante, "Shopping Has Become a Political Act. Here's How It Happened."

32. Kathy Gurchiek, "Employee Activism Is on the Rise," SHRM (Society for Human Resource Management), September 12, 2019, https://www.shrm.org/hr-today/news/hr-news/pages/employee-activism-on-the-rise.aspx.

33. Carol Cone, "10 Ways Purposeful Business Will Evolve in 2020," *Fast Company*, January 13, 2020, https://www.fastcompany.com/90450734/10-ways-purposeful-business-will-evolve-in-2020.

34. Claudine Gartenberg, Andrea Prat, and George Serafeim, "Corporate Purpose and Financial Performance," *Organization Science* 30, no. 1 (January–February 2019), pp. 1–18.

35. Claudine Gartenberg, Andrea Prat, and George Serafeim, "Corporate Purpose and Financial Performance."

36. Claudine Gartenberg and George Serafeim, "Corporate Purpose in Public and Private Firms," Harvard Business School Working Paper, No. 20-024, August 2019 (Revised July 2020), https://papers.ssrn.com/sol3/papers.cfm?abstract_id=3440281.

37. Tom Foster, "Do You Really Want Your Business to Go Public?" *Inc.*, October 2015, https://www.inc.com/thomson-reuters/workforce-management-in-the-covid-19-era.html.

38. Claudine Gartenberg and George Serafeim, "Corporate Purpose in Public and Private Firms."

39. Vanessa C. Burbano, "Social Responsibility Messages and Worker Wage Requirements: Field Experimental Evidence from Online Labor Marketplaces," *Organization Science* 27, no. 4 (June 30, 2016), https://pubsonline.informs.org/doi/abs/10.1287/orsc.2016.1066; Vanessa C. Burbano, "Getting

Gig Workers to Do More by Doing Good: Field Experimental Evidence from Online Platform Labor Marketplaces," *Organization & Environment* (June 24, 2019), https://papers.ssrn.com/sol3/papers.cfm?abstract_id=3405689.

第三章　透明度與當責

1. Robert G. Eccles and George Serafeim, "Foxconn Technology Group (A) and (B) (TN)," Harvard Business School Teaching Note 413-055, August 2012 (Revised March 2013).
2. M. R. Wong, W. McKelvey, K. Ito, C. Schiff, J. B. Jacobson, and D. Kass, "Impact of a Letter-Grade Program on Restaurant Sanitary Conditions and Diner Behavior in New York City," *American Journal of Public Health* 105, no. 3 (2015), e81–e87. doi:10.2105/AJPH.2014.302404.
3. Melanie J. Firestone and Craig W. Hedberg, "Restaurant Inspection Letter Grades and Salmonella Infections, New York, New York, USA," *Emerging Infectious Diseases Journal* 24, no. 12 (December 2018), https://wwwnc.cdc.gov/eid/article/24/12/18-0544_article.
4. *TSC Indus. v. Northway, Inc.*, 426 U.S. 438, 449 (1976).
5. Robert G. Eccles and George Serafeim, "Sustainability in Financial Services Is Not About Being Green," *Harvard Business Review*, May 15, 2013, https://hbr.org/2013/05/sustainability-in-financial-services-is-not-about-being-green.
6. Jody Grewal, Clarissa Hauptmann, and George Serafeim, "Material Sustainability Information and

Stock Price Informativeness," *Journal of Business Ethics* 171, no. 3 (July 2021), pp. 513–544, https://papers.ssrn.com/sol3/papers.cfm?abstract_id=2966144.

7. Lucy Handley and Sam Meredith, "Danone Hopes It's Blazing a Trail by Adopting a New Earnings Metric to Expose the Cost of Carbon Emission," CNBC, October 21, 2020, https://www.cnbc.com/2020/10/21/danone-adopts-earnings-metric-to-expose-the-cost-of-carbon-emissions.html.

8. Lucy Handley and Sam Meredith, "Danone Hopes It's Blazing a Trail by Adopting a New Earnings Metric."

第四章　企業行為的演化結果

1. Drew Desilver, "As Coronavirus Spreads, Which U.S. Workers Have Paid Sick Leave—And Which Don't?" Pew Research Center, March 12, 2020, https://www.pewresearch.org/fact-tank/2020/03/12/as-coronavirus-spreads-which-u-s-workers-have-paid-sick-leave-and-which-dont/.

2. Richard Carufel, "Edelman's New Trust Barometer Finds CEOs Failing to Meet Today's Leadership Expectations," Agility PR Solutions, May 2, 2019, https://www.agilitypr.com/pr-news/public-relations/edelmans-new-trust-barometer-finds-ceos-failing-to-meet-todays-leadership-expectations/.

3. "Trust in Government: 1958–2015," Pew Research Center, November 23, 2015, https://www.pewresearch.org/politics/2015/11/23/1-trust-in-government-1958-2015; "Americans' Views of Government: Low Trust, but Some Positive Performance Ratings," Pew Research Center, September 14, 2020, https://www.pewresearch.org/politics/2020/09/14/americans-views-of-government-low-trust-

but-some-positive-performance-ratings/.

4. "With No Time to Lose, Grupo Bimbo Takes the Lead on Sustainability," Baking Business, October, 14, 2019, https://www.bakingbusiness.com/articles/49587-with-no-time-to-lose-grupo-bimbo-takes-the-lead-on-sustainability.

5. Adrian Gore, "How Discovery Keeps Innovating," McKinsey & Company, June 2015, https://healthcare.mckinsey.com/how-discovery-keeps-innovating/.

6. Simon Mainwaring, "Why Purpose Is Paramount to Business and Branding Success: A Walmart Case Study," *Forbes*, August 18, 2017, https://www.forbes.com/sites/simonmainwaring/2017/08/18/why-purpose-is-paramount-to-business-and-branding-success-a-walmart-case-study/?sh=2cc3b73f69bb.

7. "Our Commitments," Natura website, https://www.naturabrasil.com/pages/our-commitments.

8. Anita M. McGahan and Leandro S. Pongeluppe, "There Is No Planet B: Stakeholder Governance That Aligns Incentives to Preserve the Amazon Rainforest," January 21, 2020, https://www.hbs.edu/faculty/Shared%20Documents/conferences/strategy-science-2021/30_Leandro%20Pongeluppe_There%20Is%20No%20Planet%20B%20Stakeholder%20Governance%20That%20Aligns%20Incentives%20To%20Preserve%20The%20Amazon%20Rainforest.pdf.

9. JUST Report, "The COVID-19 Corporate Response Tracker: How America's Largest Employers Are Treating Stakeholders Amid the Coronavirus Crisis," JUST Capital, https://justcapital.com/reports/the-covid-19-corporate-response-tracker-how-americas-largest-employers-are-treating-stakeholders-amid-the-coronavirus-crisis/.

10. JUST Report, "The COVID-19 Corporate Response Tracker: How America's Largest Employers Are Treating Stakeholders Amid the Coronavirus Crisis."

11. Richard Kestenbaum, "LVMH Converting Its Perfume Factories to Make Hand Sanitizer," *Forbes*, March 15, 2020, https://www.forbes.com/sites/richardkestenbaum/2020/03/15/lvmh-converting-its-perfume-factories-to-make-hand-sanitizer/?sh=fe2fc704a9a0#:~:text=LVMH%20announced%20today%20that%20it,to%20make%20hand%20sanitizer%20instead.&text=It%20is%20also%20justifying%20having,its%20employees%20coming%20to%20work.

12. "Zoom for Education," Zoom, https://zoom.us/education.

13. Alex Cheema-Fox, Bridget LaPerla, George Serafeim, and Hui (Stacie) Wang, "Corporate Resilience and Response During COVID-19," Harvard Business School Accounting & Management Unit Working Paper No. 20-108 (September 23, 2020), http://dx.doi.org/10.2139/ssrn.3578167.

14. Letitia James, "Attorney General James Sues New York Sports Club and Lucille Roberts for Charging Illegal Dues and Prohibiting Consumers from Canceling Memberships," press release, September 30, 2020, https://ag.ny.gov/press-release/2020/attorney-general-james-sues-new-york-sports-club-and-lucille-roberts-charging.

15. Tonya Riley, "WeWork Under Pressure as More Members Contract Coronavirus in Co-working Spaces," *Washington Post*, March 20, 2020, https://www.washingtonpost.com/technology/2020/03/20/wework-under-pressure-more-members-contract-coronavirus-co-working-spaces/.

16. Zack Beauchamp, "Brazil's Petrobras Scandal, Explained," Vox, March 18, 2016, https://www.vox.

com/2016/3/18/11260924/petrobras-brazil.

17. David Segal, "Petrobras Oil Scandal Leaves Brazilians Lamenting a Lost Dream," *New York Times*, August 7, 2015, https://www.nytimes.com/2015/08/09/business/international/effects-of-petrobras-scandal-leave-brazilians-lamenting-a-lost-dream.html.

18. "Former Petrobras CEO Sentenced to 11 Years in Jail," AP, March 7, 2018, https://www.nytimes.com/2015/08/09/business/international/effects-of-petrobras-scandal-leave-brazilians-lamenting-a-lost-dream.html.

19. Siri Schubert and T. Christian Miller, "At Siemens, Bribery Was Just a Line Item," *New York Times*, December 20, 2008, https://www.nytimes.com/2008/12/21/business/worldbusiness/21siemens.html.

20. Sudip Kar-Gupta and Tim Hepher, "Airbus Faces Record $4 Billion Fine After Bribery Probe," January 27, 2020, Reuters, https://www.reuters.com/article/us-airbus-probe/airbus-faces-record-4-billion-fine-after-bribery-probe-idUSKBN1ZR0HQ.

21. Boris Groysberg, Eric Lin, and George Serafeim, "Does Corporate Misconduct Affect the Future Compensation of Alumni Managers?" Special Issue on Employee Inter- and Intra-Firm Mobility, *Advances in Strategic Management* 41 (July 2020), https://www.emerald.com/insight/content/doi/10.1108/S0742-332220200000041020/full/html.

第五章　做好事又能獲利的策略路徑

1. David Freiberg, Jody Grewal, and George Serafeim, "Science-Based Carbon Emissions Targets," Harvard Business School Working Paper, No. 21-108, March 2021, https://papers.ssrn.com/sol3/papers.cfm?abstract_id=3804530.
2. "About Us," Vital Farms website, https://vitalfarms.com/about-us/.
3. Interview with Ori Zohar.
4. Interview with Ori Zohar.

第六章　機會的原型：公司如何抓住價值

1. Simon Mainwaring, "Purpose at Work: Warby Parker's Keys to Success," *Forbes*, December 1, 2020, https://www.forbes.com/sites/simonmainwaring/2020/12/01/purpose-at-work-warby-parkers-keys-to-success/?sh=3a6fc675dba7.
2. "2021 Global 100 Ranking," Corporate Knights, January 25, 2021, https://www.corporateknights.com/reports/2021-global-100/2021-global-100-ranking-16115328/.
3. "Ørsted's Renewable-Energy Transformation," Interview, McKinsey & Company, July 10, 2020.
4. "Ørsted's Renewable-Energy Transformation," Interview.
5. "Ørsted's Renewable-Energy Transformation," Interview.

6. “Aluminum Cans—History, Development, and Market,” AZO Materials, June 24, 2002, https://www.azom.com/article.aspx?ArticleID=1483.
7. Laura Parker, “The World’s Plastic Pollution Crisis Explained,” *National Geographic*, June 7, 2019, https://www.nationalgeographic.com/environment/article/plastic-pollution.
8. “The Toxic 100: Top Corporate Air Polluters in the United States, 2010,” Infoplease, https://www.infoplease.com/math-science/earth-environment/the-toxic-100-top-corporate-air-polluters-in-the-united-states-2010.
9. “2020 Sustainability Report,” Ball Corporation, https://www.ball.com/getmedia/b25d3346-b8ca-4e3f-9cce-562101dd8cd7/Ball-SR20-Web_FINAL.pdf.aspx.
10. Angelo Young, “Coca-Cola, Pepsi Highlight the 20 Corporations Producing the Most Ocean Pollution,” *USA Today*, June 17, 2019, https://www.usatoday.com/story/money/2019/06/17/20-corporations-behind-the-most-ocean-pollution/39552009/.
11. “Clean Energy Group NextEra Surpasses ExxonMobil in Market Cap,” *Financial Times*, October 2, 2020, https://www.ft.com/content/39a70458-d4d1-4a6e-aca6-1d5670bade11.
12. “Clean Growth,” AES website, https://www.aes.com/sustainability/clean-growth-and-innovation.

第七章　投資人驅動變革：不只是負面篩選

1. “Frequently Asked Questions,” Reenergize Exxon, https://reenergizexom.com/faqs/.

2. Shelley Vinyard, "Investors' Directive to P&G: Stop Driving Deforestation," NRDC, October 14, 2020, https://www.nrdc.org/experts/shelley-vinyard/investors-directive-pg-stop-driving-deforestation.

3. Climate Action 100+ website, https://www.climateaction100.org.

4. Rebecca Chapman and Gerald Nabor, "How Investors Can Support Circular Economy for Plastics: New Engagement Guidance," Principles for Responsible Investment, https://www.unpri.org.

5. Ioannis Ioannou and George Serafeim, "The Impact of Corporate Social Responsibility on Investment Recommendations: Analysts' Perceptions and Shifting Institutional Logics," *Strategic Management Journal* 36, no. 7 (July 2015), pp. 1053–1081, https://papers.ssrn.com/sol3/papers.cfm?abstract_id=1507874.

6. George Serafeim, "Public Sentiment and the Price of Corporate Sustainability," *Financial Analysts Journal* 76, no. 2 (2020), pp. 26–46, https://papers.ssrn.com/sol3/papers.cfm?abstract_id=3265502.

7. "Tailored Strategies," The Carlyle Group, 2018, https://www.carlyle.com/sites/default/files/reports/carlyleccr2018_0.pdf.

8. "Risks, Opportunities, and Investment in the Era of Climate Change," Harvard Business School, March 4, 2020, https://www.alumni.hbs.edu/events/invest20/Pages/default.aspx.

9. "Novartis Reinforces Commitment to Patient Access, Pricing a EUR 1.85 Billion Sustainability-Linked Bond," Novartis, September 16, 2020, https://www.novartis.com/news/media-releases/novartis-reinforces-commitment-patient-access-pricing-eur-185-billion-sustainability-linked-bond.

10. Mike Turner, "SLB Champion Enel Plans First Sterling Trade Using Structure," Global Capital, October 12, 2020, https://www.globalcapital.com/article/b1ns66gtysc8d4/slb-champion-enel-plans-first-sterling-trade-using-structure.

11. Decarbonization Advisory Panel, "Beliefs and Recommendations," April 2019, https://www.osc.state.ny.us/files/reports/special-topics/pdf/decarbonization-advisory-panel-2019.pdf.

12. Make My Money Matter website, https://makemymoneymatter.co.uk.

13. George Serafeim, "Investors as Stewards of the Commons?" *Journal of Applied Corporate Finance* 30, no. 2 (Spring 2018): 8–17, https://papers.ssrn.com/sol3/papers.cfm?abstract_id=3014952.

14. Cyrus Taraporevala, "Fearless Girl's Shattered Ceilings: Why Diversity in Leadership Matters," State Street Global Advisors, March 8, 2021, https://www.ssga.com/us/en/institutional/ic/insights/fearless-girls-shattered-ceilings-why-diversity-in-leadership.

第八章　你與組織契合嗎？

1. Robert G. Eccles, Kathleen Miller Perkins, and George Serafeim, "How to Become a Sustainable Company," *MIT Sloan Management Review* 53, no. 4 (Summer 2012): 43–50, https://www.hbs.edu/ris/Publication%20Files/SMR_Article_EcclesMillerSerafeim_77d4247b-d715-447d-8e79-74a6ec893f40.pdf.

2. "We Were Coming Up Against Everything from Organized Crime to Angry Employees," Interview

with Erik Osmundsen, *Harvard Business Review*, July–August 2019, https://hbr.org/2019/07/we-were-coming-up-against-everything-from-organized-crime-to-angry-employees.

3. "We Were Coming Up Against Everything from Organized Crime to Angry Employees," Interview with Erik Osmundsen.

4. C. I. Barnard, *The Functions of the Executive* (Cambridge, MA: Harvard University Press, 1938).

5. P. Selznick, *Leadership in Administration: A Sociological Interpretation* (Evanston, IL: Row Peterson, 1957).

結語　目的與獲利兼顧的未來

1. "Danone: A Case Study in the Pitfalls of Purpose," *Financial Times*, https://www.ft.com/content/668d9544-28db-4ad7-9870-1f6671623ac5.

2. Amelia Lucas, "Chipotle Will Link Executive Compensation to Environment Diversity Goals," March 4, 2021, CNBC, https://www.ft.com/content/668d9544-28db-4ad7-9870-1f6671623ac5; Kevin Orland, "CEO Pay Tied to ESG Sets Canadian Banks Apart from the Crowd," Bloomberg, March 18, 2021, https://www.bloomberg.com/news/articles/2021-03-18/ceo-pay-tied-to-esg-sets-canadian-banks-apart-from-the-crowd.

參考書目

本書所涵蓋的主題來自許多同事與我在過去十多年來進行的研究。關於這本書主要主題更詳盡的資訊，我在下面的每個章節標題下方都列上引用資訊，你可以在這裡找到原始論文。在書中提到這些論文的地方，我沒有用注腳的方式標示出來，不過在引用其他人的研究，或是仰賴除了我貢獻的研究以外的任何來源，這些重點都會在書稿裡標示出來，並在下面列出來。

前言　目的與獲利結合的力量

Alex Cheema-Fox, Bridget LaPerla, George Serafeim, and Hui (Stacie) Wang. "Corporate Resilience and Response During COVID-19." *Journal of Applied Corporate Finance*. 2021.

Ioannis Ioannou and George Serafeim. "The Impact of Corporate Social Responsibility on Investment Recommendations: Analysts' Perceptions and Shifting Institutional Logics." *Strategic Management Journal* 36, no. 7 (July 2015): 1053–1081.

Mozaffar Khan, George Serafeim, and Aaron Yoon. "Corporate Sustainability: First Evidence on Materiality." *Accounting Review* 91, no. 6 (November 2016).

第一章 經商之道：商業世界的轉變

George Serafeim and David Freiberg. “Harlem Capital: Changing the Face of Entrepreneurship (A).” Harvard Business School Case 120-040, October 2019.

George Serafeim and David Freiberg. “Harlem Capital: Changing the Face of Entrepreneurship (B).” Harvard Business School Supplement 120-041, October 2019.

George Serafeim and David Freiberg. “Summa Equity: Building Purpose-Driven Organizations.” Harvard Business School Case 118-028, November 2017. (Revised April 2019.)

George Serafeim, Ethan Rouen, and Sarah Gazzaniga. “Redefining Mogul.” Harvard Business School Case 120-043, March 2020. (Revised May 2020.)

第二章 影響力世代的影響

Claudine Gartenberg, Andrea Prat, and George Serafeim. “Corporate Purpose and Financial Performance.” *Organization Science* 30, no. 1 (January–February 2019): 1–18.

Claudine Gartenberg and George Serafeim. “Corporate Purpose in Public and Private Firms.” Harvard Business School Working Paper, No. 20-024, August 2019. (Revised July 2020.)

George Serafeim and Claudine Gartenberg. ”The Type of Purpose That Makes Companies More Profitable.” *Harvard Business Review* (website) (October 21, 2016).

第三章　透明度與當責

Dane Christensen, George Serafeim, and Anywhere Sikochi. "Why Is Corporate Virtue in the Eye of the Beholder? The Case of ESG Ratings." *Accounting Review* 97, no. 1 (January 2022): 147–175.

Ronald Cohen and George Serafeim. "How to Measure a Company's Real Impact." *Harvard Business Review* (website) (September 3, 2020).

Robert G. Eccles and George Serafeim. "Sustainability in Financial Services Is Not About Being Green." *Harvard Business Review Blogs* (May 15, 2013).

Robert G. Eccles, George Serafeim, and Beiting Cheng. "Foxconn Technology Group (A)." Harvard Business School Case 112–002, July 2011. (Revised June 2013.)

Robert G. Eccles, George Serafeim, and Beiting Cheng. "Foxconn Technology Group (B)." Harvard Business School Supplement 112-058, November 2011. (Revised February 2012.)

Jody Grewal, Clarissa Hauptmann, and George Serafeim. "Material Sustainability Information and Stock Price Informativeness." *Journal of Business Ethics* 171, no. 3 (July 2021): 513–544.

Jody Grewal and George Serafeim. "Research on Corporate Sustainability: Review and Directions for Future Research." (pdf) *Foundations and Trends® in Accounting* 14, no. 2 (2020): 73–127.

Ioannis Ioannou and George Serafeim. "The Consequences of Mandatory Corporate Sustainability Reporting." In *The Oxford Handbook of Corporate Social Responsibility: Psychological and*

Organizational Perspectives, edited by Abagail McWilliams, Deborah E. Rupp, Donald S. Siegel, Günter K. Stahl, and David A. Waldman, 452–489. Oxford University Press, 2019.

Sakis Kotsantonis and George Serafeim. "Four Things No One Will Tell You About ESG Data." *Journal of Applied Corporate Finance* 31, no. 2 (Spring 2019): 50–58.

Ethan Rouen and George Serafeim. "Impact-Weighted Financial Accounts: A Paradigm Shift." *CESifo Forum* 22, no. 3 (May 2021): 20–25.

George Serafeim, Vincent Dessain, and Mette Fuglsang Hjortshoej. "Sustainable Product Management at Solvay." Harvard Business School Case 120-081, February 2020.

George Serafeim and Jody Grewal. "ESG Metrics: Reshaping Capitalism?" Harvard Business School Technical Note 116-037, March 2016. (Revised April 2019.)

George Serafeim and Katie Trinh. "A Framework for Product Impact-Weighted Accounts." Harvard Business School Working Paper, No. 20-076, January 2020.

George Serafeim, T. Robert Zochowski, and Jennifer Downing. "Impact-Weighted Financial Accounts: The Missing Piece for an Impact Economy." (pdf) White Paper, Harvard Business School, Boston, September 2019.

第四章　企業行為的演化結果

Alex Cheema-Fox, Bridget LaPerla, George Serafeim, and Hui (Stacie) Wang. "Corporate Resilience and

Response During COVID-19." *Journal of Applied Corporate Finance*. 2021.

Robert G. Eccles, George Serafeim, and James Heffernan. "Natura Cosméticos, S.A." Harvard Business School Case 412-052, November 2011. (Revised June 2013.)

Claudine Gartenberg and George Serafeim. "181 Top CEOs Have Realized Companies Need a Purpose Beyond Profit." *Harvard Business Review* (website) (August 20, 2019).

Boris Groysberg, Eric Lin, and George Serafeim. "Does Corporate Misconduct Affect the Future Compensation of Alumni Managers?" Special Issue on Employee Inter- and Intra-Firm Mobility. *Advances in Strategic Management* 41 (July 2020).

Boris Groysberg, Eric Lin, George Serafeim, and Robin Abrahams. "The Scandal Effect." *Harvard Business Review* 94, no. 9 (September 2016): 90–98.

Paul M. Healy and George Serafeim. "An Analysis of Firms' Self-Reported Anticorruption Efforts." *Accounting Review* 91, no. 2 (March 2016): 489–511.

Paul M. Healy and George Serafeim. "How to Scandal-Proof Your Company." *Harvard Business Review* 97, no. 4 (July–August 2019): 42–50.

Paul M. Healy and George Serafeim. "Who Pays for White-Collar Crime?" Harvard Business School Working Paper, No. 16-148, June 2016.

George Serafeim, "Facebook, BlackRock, and the Case for Purpose-Driven Companies." *Harvard Business Review* (website) (January 16, 2018).

George Serafeim, "The Role of the Corporation in Society: An Alternative View and Opportunities for Future Research." Harvard Business School Working Paper, No. 14-110, May 2014.

第五章　做好事又能獲利的策略路徑

Francois Brochet, Maria Loumioti, and George Serafeim. "Speaking of the Short-Term: Disclosure Horizon and Managerial Myopia." *Review of Accounting Studies* 20, no. 3 (September 2015): 1122–1163.

Beiting Cheng, Ioannis Ioannou, and George Serafeim. "Corporate Social Responsibility and Access to Finance." *Strategic Management Journal* 35, no. 1 (January 2014): 1–23.

Robert G. Eccles, Ioannis Ioannou, and George Serafeim. "The Impact of Corporate Sustainability on Organizational Processes and Performance." (pdf) *Management Science* 60, no. 11 (November 2014): 2835–2857.

Ioannis Ioannou, Shelley Xin Li, and George Serafeim. "The Effect of Target Difficulty on Target Completion: The Case of Reducing Carbon Emissions." *Accounting Review* 91, no. 5 (September 2016).

Robert G. Eccles, George Serafeim, and Shelley Xin Li. "Dow Chemical: Innovating for Sustainability." Harvard Business School Case 112-064, January 2012. (Revised June 2013.)

David Freiberg, Jody Grewal, and George Serafeim. "Science-Based Carbon Emissions Targets." Harvard

Business School Working Paper, No. 21-108, March 2021.

David Freiberg, Jean Rogers, and George Serafeim. "How ESG Issues Become Financially Material to Corporations and Their Investors." Harvard Business School Working Paper, No. 20-056, November 2019. (Revised November 2020.)

Jody Grewal and George Serafeim. "Research on Corporate Sustainability: Review and Directions for Future Research." (pdf) *Foundations and Trends® in Accounting* 14, no. 2 (2020): 73–127.

Ioannis Ioannou and George Serafeim. "Corporate Sustainability: A Strategy?" Harvard Business School Working Paper, No. 19-065, January 2019. (Revised April 2021.)

Ioannis Ioannou and George Serafeim. "Yes, Sustainability Can Be a Strategy." *Harvard Business Review* (website) (February 11, 2019).

Kathy Miller and George Serafeim. "Chief Sustainability Officers: Who Are They and What Do They Do?" Chap. 8 in *Leading Sustainable Change: An Organizational Perspective*, edited by Rebecca Henderson, Ranjay Gulati, and Michael Tushman. Oxford University Press, 2015.

George Serafeim and David Freiberg. "JetBlue: Relevant Sustainability Leadership (A)." Harvard Business School Case 118-030, October 2017. (Revised October 2018.)

George Serafeim and David Freiberg. "JetBlue: Relevant Sustainability Leadership (B)." Harvard Business School Supplement 119-044, October 2018.

George Serafeim and David Freiberg. "Turnaround at Norsk Gjenvinning (B)." Harvard Business School

Supplement 118-033, October 2017.

George Serafeim and Shannon Gombos. "Turnaround at Norsk Gjenvinning (A)." Harvard Business School Case 116-012, August 2015. (Revised October 2017.)

George Serafeim and Aaron Yoon. "Stock Price Reactions to ESG News: The Role of ESG Ratings and Disagreement." *Review of Accounting Studies*, forthcoming (2022).

George Serafeim and Aaron Yoon. "Which Corporate ESG News Does the Market React To?" *Financial Analysts Journal* 78, no. 1 (2022): 59–78.

第六章　機會的原型：公司如何抓住價值

Robert G. Eccles, George Serafeim, and Shelley Xin Li. "Dow Chemical: Innovating for Sustainability." Harvard Business School Case 112-064, January 2012. (Revised June 2013.)

George Serafeim. "Social-Impact Efforts That Create Real Value." *Harvard Business Review* 98, no. 5 (September–October 2020): 38–48.

George Serafeim. "The Type of Socially Responsible Investments That Make Firms More Profitable." *Harvard Business Review* (website) (April 14, 2015).

第七章　投資人驅動變革：不只是負面篩選

Amir Amel-Zadeh and George Serafeim. "Why and How Investors Use ESG Information: Evidence from a Global Survey." *Financial Analysts Journal* 74, no. 3 (Third Quarter 2018): 87–103.

Rohit Deshpandé, Aiyesha Dey, and George Serafeim. "BlackRock: Linking Purpose to Profit." Harvard Business School Case 120-042, January 2020. (Revised July 2020.)

Rebecca Henderson, George Serafeim, Josh Lerner, and Naoko Jinjo. "Should a Pension Fund Try to Change the World? Inside GPIF's Embrace of ESG." Harvard Business School Case 319-067, January 2019. (Revised February 2020).

Ioannis Ioannou and George Serafeim. "The Impact of Corporate Social Responsibility on Investment Recommendations: Analysts' Perceptions and Shifting Institutional Logics." *Strategic Management Journal* 36, no. 7 (July 2015): 1053–1081.

Mindy Lubber and George Serafeim. "3 Ways Investors Can Pressure Companies to Take Sustainability Seriously." *Barron's* (June 23, 2019).

Michael E. Porter, George Serafeim, and Mark Kramer. "Where ESG Fails." *Institutional Investor* (October 16, 2019).

Christina Rehnberg, George Serafeim, and Brian Tomlinson. "Why CEOs Should Share Their Long-Term Plans with Investors." *Harvard Business Review* (website) (September 19, 2018).

George Serafeim. "Can Index Funds Be a Force for Sustainable Capitalism?" *Harvard Business Review* (website) (December 7, 2017).

George Serafeim. "ESG Returns Eventually Will Win Over Critics." *Barron's* (March 1, 2019).

George Serafeim. "How Index Funds Can Be a Positive Force for Change." *Barron's* (October 12, 2018).

George Serafeim. "Investors as Stewards of the Commons?" *Journal of Applied Corporate Finance* 30, no. 2 (Spring 2018): 8–17.

George Serafeim. "Public Sentiment and the Price of Corporate Sustainability." *Financial Analysts Journal* 76, no. 2 (2020): 26–46.

George Serafeim. "The Fastest-Growing Cause for Shareholders Is Sustainability." *Harvard Business Review* (website) (July 12, 2016).

George Serafeim and David Freiberg. "Summa Equity: Building Purpose-Driven Organizations." Harvard Business School Case 118-028, November 2017. (Revised April 2019.)

George Serafeim and Mark Fulton. "Divestment Alone Won't Beat Climate Change." *Harvard Business Review* (website) (November 4, 2014).

George Serafeim and Sakis Kotsantonis. "ExxonMobil's Shareholder Vote Is a Tipping Point for Climate Issues." *Harvard Business Review* (website) (June 7, 2017).

George Serafeim, Shiva Rajgopal, and David Freiberg. "ExxonMobil: Business as Usual? (A)." Harvard Business School Case 117-046, February 2017. (Revised June 2017.)

George Serafeim, Shiva Rajgopal, and David Freiberg. "ExxonMobil: Business as Usual? (B)." Harvard Business School Supplement 117-047, February 2017. (Revised June 2017.)

第八章　你與組織契合嗎？

George Serafeim. "4 Ways Managers Can Exercise Their 'Agency' to Change the World:" https://hbswk.hbs.edu/item/4-ways-managers-can-exercise-their-agency-to-change-the-world.

George Serafeim and David Freiberg. "Turnaround at Norsk Gjenvinning (B)." Harvard Business School Supplement 118-033, October 2017.

George Serafeim and Shannon Gombos. "Turnaround at Norsk Gjenvinning (A)." Harvard Business School Case 116-012, August 2015. (Revised October 2017.)

結語　目的與獲利兼顧的未來

Ethan Rouen and George Serafeim. "Impact-Weighted Financial Accounts: A Paradigm Shift." *CESifo Forum* 22, no. 3 (May 2021): 20–25.

作者簡介

喬治・塞拉分（George Serafeim）

哈佛商學院查爾斯・威廉斯企業管理講座教授（Charles M. Williams Professor of Business Administration）。哈佛商學院最年輕的終身教授之一，並在全世界六十多個國家發表研究，包括對政府和企業的世界級領袖發表演講，如達沃斯世界經濟論壇（World Economic Forum at Davos）、亞斯本思想節（Aspen Ideas Festival）、白宮企業領導力會議、美國證券交易委員會、歐盟委員會。在社會科學研究網絡（Social Science Research Network）超過一萬兩千名商業作者中，他名列最受歡迎的前十名。

塞拉分獲得多項獎項的認可，包括表彰對希臘貢獻的伯里克里斯領導獎（Pericles Leadership Award），還有因為企業目的、永續發展，以及將環境、社會與治理（ESG）

等議題整合進企業策略和投資等研究的許多獎項，包括牛津大學金姆・克拉克責任領導獎學金（Kim B. Clark Fellowship on Responsible Leadership）、理查・克勞威爾博士紀念獎（Dr. Richard A. Crowell Memorial Prize），以及葛拉漢與陶德書卷獎（Graham and Dodd Scroll Award）。他也是卓越的領導人，共同創立KKS顧問公司，而且是世界上最大保管銀行之一道富銀行（State Street Associates）的學術合夥人。他是名列《財星》百大公司、產物保險公司領導廠商利寶互助保險集團（Liberty Mutual Group）的董事會成員，以及經營顧問公司服務與員工健康和安全服務的全球領導廠商杜邦永續解決方案（dss+）的董事會成員。

在此之前，他曾在雅典交易所的指導委員會任職，這個委員會是股票與債券交易的治理機構，專注在資本形成與有效融資，並擔任希臘公司治理理事會（Corporate Governance Council）主席。在他任職期間，理事會制定並公布全新的公司治理守則，藉此改善公司治理實務、投資人保護和競爭力。

他還在提高全球企業透明度上做出貢獻，他是永續會計準則委員會

（Sustainability Accounting Standards Board）首屆準則委員會的成員，這個準則委員會制定與投資人相關的企業永續發展資訊揭露準則，得到全球數百家領導廠商採用，並擔任由英國G7輪值主席國建立、針對企業透明度和整合報告的工作小組成員。

國家圖書館出版品預行編目(CIP)資料

目的與獲利／喬治．塞拉分（George Serafeim）著；廖月娟譯. -- 第一版. -- 臺北市：遠見天下文化出版股份有限公司, 2022.08
304面；14.8 x 21公分. --（財經企管；BCB776）
譯自：Purpose and Profit : How Business Can Lift Up the World.

ISBN 978-986-525-757-6（平裝）

1.CST: 企業經營 2.CST: 永續發展

494.1 111012659

財經企管 BCB776

目的與獲利

ESG 大師塞拉分的企業永續發展策略

Purpose and Profit: How Business Can Lift Up the World

作者 — 喬治 · 塞拉分(George Serafeim)
譯者 — 廖月娟

總編輯 — 吳佩穎
書系副總監暨責任編輯 — 蘇鵬元
封面設計 — 張議文
校對 — 黃雅蘭

出版者 — 遠見天下文化出版股份有限公司
創辦人 — 高希均、王力行
遠見・天下文化 事業群榮譽董事長 — 高希均
遠見・天下文化 事業群董事長 — 王力行
天下文化社長 — 林天來
國際事務開發部兼版權中心總監 — 潘欣
法律顧問 — 理律法律事務所陳長文律師
著作權顧問 — 魏啟翔律師
社址 — 台北市 104 松江路 93 巷 1 號
讀者服務專線 —(02)2662-0012 | 傳真 —(02)2662-0007;(02)2662-0009
電子郵件信箱 — cwpc@cwgv.com.tw
直接郵撥帳號 — 1326703-6 號　遠見天下文化出版股份有限公司

電腦排版 — 立全電腦印前排版有限公司
製版廠 — 東豪印刷事業有限公司
印刷廠 — 祥峰印刷事業有限公司
裝訂廠 — 台興印刷裝訂股份有限公司
登記證 — 局版台業字第 2517 號
總經銷 — 大和書報圖書股份有限公司 | 電話 —(02)8990-2588
出版日期 — 2022 年 8 月 31 日第一版第 1 次印行
2023 年 11 月 7 日第一版第 6 次印行

定 價 — NT 420 元
ISBN — 978-986-525-757-6(平裝)| EISBN — 9789865257552(EPUB);
9789865257569(PDF)
書 號 — BCB776
天下文化官網 — bookzone.cwgv.com.tw

天下文化
BELIEVE IN READING